U0336506

21世纪高等院校
VR
虚拟现实设计系列教材
Virtual Reality

虚拟现实设计概论

刘跃军　编著

中国国际广播出版社

虚拟现实设计系列教材编委会

主　　编　孙立军

执行主编　刘跃军

编委会主任

胡智锋　张宇清

编委会副主任

（按姓氏笔画排序）

前　言

　　虚拟现实是一种划时代的革命性信息技术，是继计算机互联网和手机移动互联网之后的下一代关键信息平台。虚拟现实与人工智能、5G 通信、大数据结合构成了下一代万物互联、虚实融合的沉浸式信息生态系统，把握了这些核心技术就掌控了未来信息的核心力量，其战略意义重大。国家"十三五"规划及后续阶段已经将推动虚拟现实及相关产业的协同发展写入战略性新兴产业发展的重要组成部分，各级政府从政策、资金及相关产业布局上进行全方位支持。2016 年 9 月 3 日，习近平主席在 G20 峰会上指出："创新是从根本上打开增长之锁的钥匙。以互联网为核心的新一轮科技和产业革命蓄势待发，人工智能、虚拟现实等新技术日新月异，虚拟经济与实体经济的结合，将给人们的生产方式和生活方式带来革命性变化。"此后不久，国务院正式发布《"十三五"国家战略性新兴产业发展规划》（简称《规划》）。《规划》中明确指出："以虚拟现实为代表的数字创意内容产业将带动周边产业，在五年内产业规模将超过 8 万亿。"其核心内容为虚拟现实与相关产业的融合应用，2020 年中国"VR+"相关产业的直接产值将达到 5000 亿，2025 年将接近 2 万亿规模。此后，国家科技部、文化和旅游部、教育部、工信部、财政部等多部委陆续出台政策联合推动虚拟现实产业发展。

　　面对全球虚拟现实科技持续发展的大潮，中国在虚拟现实科技的基础研究、硬件技术、软件技术、虚拟现实内容方面保持持续发展态势，虚拟现实技术在教育、文化、旅游、影视、游戏、科技展览展示等各行各业开始逐步应用，其规模也不断扩大。政策的连续出台和产业的持续发展预示着虚拟现实未来拥有巨大空间。不久的将来，随着虚拟现实产业的快速成长，虚拟现实科技、虚拟现实内容、虚拟现实平台、虚拟现实产品等将快速发展。

产业发展的前提是要有大量的从业人员的支撑，虚拟现实作为一个全新的领域，从硬件到软件，从科技到内容都面临巨大的人才空缺，虚拟现实专业人才的培养成为当务之急。随着虚拟现实技术日益走向成熟，虚拟现实应用场景在各个领域的广泛融合，高质量的虚拟现实内容成为制约产业发展的关键。由于虚拟现实内容设计包含策划、艺术设计、三维制作、引擎开发等多个跨门类的专业知识，传统设计人才很难直接满足行业应用需求。

本系列教材专门针对虚拟现实内容设计环节，融合策划、艺术设计、三维制作、引擎开发等环节的关键技术，聚焦虚拟现实内容设计过程中的专业问题，以高质量虚拟现实内容的制作实现为目标进行系统的课程内容设计。理论与实践结合，以行业成功案例为素材指导学生在较短的时间里掌握虚拟现实内容设计的整体流程和关键技术。本系列教材囊括了高水平虚拟现实内容设计的各关键环节，形成虚拟现实内容设计制作的产业链条的闭环，完整地架构了虚拟现实设计相关专业的核心骨干课程。每本教材均配备专门的电子教学资源，让学生轻松入门，且逐层深入掌握虚拟现实内容设计的关键技术。

由于教材编写时间较为局促，编写过程中未能对每一个细节进行完美打磨，对于发现的问题请随时向我们提出，我们将尽快修订。此外，在教材编写的过程中，尤其是案例分析环节，引用了不同时间、不同国家和地区的各类型优秀的、经典的虚拟现实内容，由于编写出版时间的限制和联系方式的制约，未能全部及时与作者取得联系，在此深表歉意。如果您对本系列教材中呈现的您的作品有任何意见或建议，请发

送至邮箱 69101433@qq.com 告知我们，我们将及时与您沟通。感谢您的
支持！

刘跃军

2020 年 1 月于北京电影学院

目　录

第一章　虚拟现实发展历史

从早期的立体图片雏形到立体视频技术再到计算机虚拟现实显示，从最初的运动模拟到运动跟踪再到虚拟现实空间定位，虚拟现实的发展大致经历了以下四个阶段：第一阶段是虚拟现实技术酝酿期，包括立体显示技术、运动跟踪技术的酝酿过程；第二阶段是虚拟现实诞生期，包括虚拟现实基础理论的诞生，虚拟现实专用名词的出现，虚拟现实雏形设备的出现到虚拟现实初代原型机的诞生；第三阶段是虚拟现实在各领域的尝试性应用及积累期，包括虚拟现实题材电影的发展，虚拟现实在游戏领域的应用发展，以及虚拟现实在航空航天、军事、医疗等前沿科技领域的尝试性应用等；第四阶段是虚拟现实产业化发展元年的到来。

第一节　虚拟现实技术酝酿期

虚拟现实技术酝酿期的时间大致为 1838 年至 1961 年。在这 120 多年的时间里，关于虚拟现实的早期技术的酝酿主要包括了两大领域：第一是立体显示技术的酝酿和积累，第二是运动跟踪技术的酝酿和积累。在这个阶段，显示技术主要是从图片立体显示到视频立体显示，计算机图像技术还没有进入虚拟现实显示领域。运动跟踪技术从早期的运动模拟到磁力运动跟踪系统的出现，其标志性事件为：1960 年，摩登·海里戈（Morton Heilig）发明第一个头戴式显示设备（简称 VR 头显）Telesphere Mask，标志着虚拟现实显示技术的出现；1961 年，工程师科莫（Comeau）和布莱恩（Bryan）开发出第一个头戴式显示设备运动跟踪系统 Headsight，标志着虚拟现实头戴跟踪技术的出现。

一、虚拟现实立体显示技术的酝酿和积累

1. 1838 年，立体照片诞生

1838 年，英国人查尔斯·惠特斯通（Charles Wheatstone）研究发现，大脑可以将双眼看到的两张不同的二维平面图像处理成一个整体的三维立体效果，两只眼睛观看两张并排的照片（左右眼各看一张），这时两张原本平面的照片就可以给观看者带来一种接近真实的深度感和空间感。后来，基于这样的原理制作了 View-Master 立体镜。

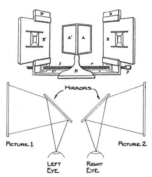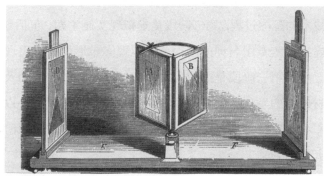

View-Master 立体镜（中间是两块镜子）

1849 年，大卫·布儒斯特（David Brewster）以两块小巧的眼镜型透镜取代了上面右图中间的两块镜子，进而发明出改良型的立体镜。此后，View-Master 立体镜被发展应用于虚拟旅游领域，而眼镜型立体镜设计原理则广泛地应用于后来的 3D 红蓝立体电影、3D 立体电影及虚拟现实眼镜。

眼镜型立体镜和两只眼睛观看的立体照片

2. 1957 年，摩登·海里戈发明第一个 3D 立体沉浸式体验设备 Sensorama

1957 年，摩登·海里戈制造出第一个 3D 立体沉浸式体验设备 Sensorama，并于 1962 年申请专利。摩登·海里戈希望把它打造成一个具有全方位体验效果的"未来影院"，所以给 Sensorama 安装了立体声扬声器、3D 立体显示器、风扇、气味发生器和一个振动椅。通过这些部件的使用，能够有效地刺激观看者的全方位感官，将体验者沉浸在他创作的 3D 电影中。它能让人沉浸于虚拟摩托车上的骑行体验，感受声响、风吹、震动和布鲁克林马路的味道。为了让人体验到这样的效果，他还专门制作了 6 部 3D 影片：《摩托车》（*Motorcycle*）、《肚皮舞》（*Belly Dancer*）、《沙滩汽车》（*Dune Buggy*）、《直升机》（*Helicopter*）、《和 Sabina 约会》（*A date with Sabina*）和《我是一个可乐瓶！》（*I'm a coca cola bottle!*）。Sensorama 成为全世界第一台 3D 立体沉浸式体验设备。

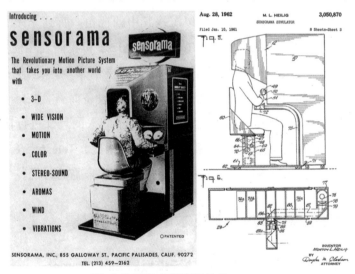

3D 立体沉浸式体验设备 Sensorama

3. 1960 年，摩登·海里戈发明第一个 3D 头戴式显示设备 Telesphere Mask

1960 年，摩登·海里戈发明了第一个 3D 头戴式显示设备 Telesphere Mask。Telesphere Mask 是一种戴在头上的播放 3D 立体电影的设备，它没有任何运动跟踪，也没有任何交互能力。但是，这是人类第一次将 3D 立体显示器作为穿戴设备佩戴在身上，成为历史上第一个头戴式显示设备。

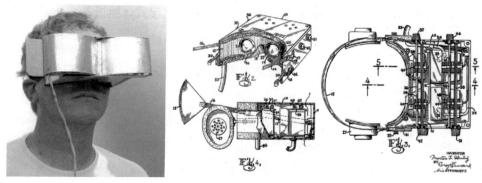

Telesphere Mask 的头戴效果和设计图

　　Telesphere Mask 3D 头戴式显示设备的出现标志着虚拟现实显示技术的正式出现。摩登·海里戈在申请专利时对 Telesphere Mask 的描述为"用于个人用途的一种可伸缩的电视设备","它的目的是给使用者带来一种完全真实的感觉,可以移动彩色三维图像,让使用者可以沉浸其中的视角,听到立体的声音,可以感受到空气流动和气味的感觉"。Telesphere Mask 和我们现在使用的 3D 视频头戴式显示设备基本一样,唯一不同的是它的显示来源不是连接到智能手机或电脑,而是连接到缩小的电视管。相对之前的设备而言,Telesphere Mask 已经变得非常轻便,耳朵和眼部的位置可以根据不同人的尺寸进行调整,戴在头上也很方便。即使跟很多现代头戴式显示设备相比,Telesphere Mask 也不逊色,要知道它诞生在近 60 年前,一个彩色电视尚未来临的时代。

二、虚拟现实运动跟踪技术的酝酿和积累

1. 1929 年,爱德华·林克发明飞行模拟器 Link Trainer

　　1929 年,爱德华·林克(Edward Link)发明了 Link Trainer——历史上第一个纯机电的商业飞行模拟器,应用于飞行员的训练。Link Trainer 由连接到方向舵和转向柱的几组电动机控制飞行模拟器在不同轴向上的旋转,可以改变模拟器的俯仰角、偏航角和翻滚角。以小型电动机驱动的装置可以模拟湍流和扰动,这样做是为了以更加安全的方式去训练飞行员。当时,美国军方以 3500 美元购买了 6 个这样的设备。第二次世界大战期间,超过 500000 名飞行员使用 10000 多个 Link Trainer 训练器进行初始培训以提高他们的飞行技能。下图显示

的是爱德华·林克和他发明的 Link Trainer。对于虚拟现实来讲，Link Trainer 的意义在于，人类首次实现了以机电设备去模拟真实世界的运动，这对于以后人类在虚拟现实中模拟和跟踪相关运动的思路和方法具有参考和借鉴的积极意义。

爱德华·林克和他发明的飞行模拟器 Link Trainer

2. 1961 年，科莫和布莱恩发明第一个运动跟踪显示设备 Headsight

1961 年，两个 Philco 公司的工程师科莫和布莱恩开发了第一个头戴设备运动跟踪系统 Headsight。它包括视频屏幕和磁力运动跟踪系统，并连接到闭路电视摄像机。Headsight 没有虚拟现实的应用开发程序，但允许军队对危险情况的沉浸式远程查看，观察者头部移动将移动远程相机，用户可以自然地环视环境。

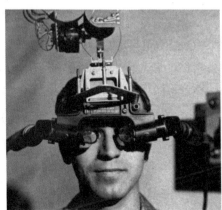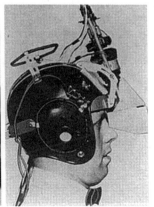

运动跟踪显示设备 Headsight

工程师科莫和布莱恩开发出第一个头戴式显示设备 Headsight 的视频屏幕和磁力运动跟踪系统，标志着虚拟现实头戴设备跟踪技术的第一次出现。尽管 Headsight 还没有与计算机 3D 图像显示进行集成，但它仍是虚拟现实头戴式显示设备向运动跟踪领域发展迈出的重要一步。

第二节　虚拟现实诞生期

虚拟现实诞生期主要包括虚拟现实基础理论的诞生及专用名词的出现，虚拟现实雏形设备的出现，真正意义上的虚拟现实设备的诞生，等等。虚拟现实诞生期的时间大致为 1965 年至 1987 年，其标志性事件为：1965 年，美国科学家伊凡·苏泽兰（Ivan Sutherland）发表了一篇题为《Ultimate Display》的论文，首次明确提出了虚拟现实基础理论，并影响至今；1987 年，杰伦·拉尼尔（Jaron Lanier）首次提出了虚拟现实（Virtual Reality，简称 VR）的专用名称并确定其相关内涵，沿用至今。1987 年，杰伦·拉尼尔研发出世界上第一套真正意义上的虚拟现实设备 VPL-EyePhone，具备今天虚拟现实设备的主要功能。

一、虚拟现实基础理论的诞生及专用名词的出现

1. 科幻故事对虚拟现实状态的想象

1935 年，美国科幻作家斯坦利·温鲍姆（Stanley Weinbaum）发表了一本不到 40 页的短篇科幻小说《皮格马利翁的眼镜》（*Pygmalion's spectacles*）。小说中描述了主角只要戴上一套特殊的眼镜，就能进入一个可以模拟视觉、听觉、味觉、嗅觉和触感的前所未有的电影世界中。通过小说对体验过这种特殊眼镜的人的感受描述，我们可以看到不管是哪种让人进入类似梦境的虚拟世界的描述，体验者和虚拟世界的感知和交互方式，以及他们所穿戴的相关设备，总体上和今天我们所看到和体验到的虚拟现实设备和内容有着惊人的相似。可见，斯坦利·温鲍姆对于未来虚拟现实技术及体验内容的丰富想象是多么具有

前瞻性。要知道那是距今近 65 年前，连计算机都还没有真正面市的时候。斯坦利·温鲍姆的《皮格马利翁的眼镜》也被公认为是探讨虚拟现实的第一部科幻作品。正是受到这篇科幻小说的启蒙，越来越多的人能够开启对虚拟现实世界认知的窗口，包括后来的理论家和践行者。

《皮格马利翁的眼镜》

2. 虚拟现实基础理论的提出

伊凡·苏泽兰在论文 *Ultimate Display* 中指出，应该将计算机显示屏幕作为"一个观察虚拟世界的窗口"，计算机系统能够使该窗口中的景象、声音、事件和行为非常逼真。它的概念包括：第一，观察者通过 HMD 观看虚拟世界，通过增强的 3D 声音和触觉来促进用户的沉浸感；第二，计算机硬件生成 3D 世界，当观察者转动身体或眼球时，场景会实时变化；第三，用户以现实的方式与虚拟世界中的对象交互的能力。

伊凡·苏泽兰认为："Ultimate Display 必将会是这样，在一个房间内，由电脑可以控制一切存在的物体。人能够坐在房间中显示的椅子上，手能被显示的手铐控制住，而且房间内的人们有可能被突如其来的虚拟子弹击中而致命。通过适当的编程，这样的显示器可以营造出真正的爱丽丝走进的仙境。"伊凡·苏泽兰的论文 *Ultimate Display* 所描述的各项指标后来逐步成为虚拟现实技术研发各环节的重要参考。

3. 虚拟现实专用名词的诞生

经历了 1935 年斯坦利·温鲍姆在科幻小说《皮格马利翁的眼镜》中对虚拟现实世界的想象性描述和 1965 年伊凡·苏泽兰在论文 Ultimate Display 中对虚拟现实基础理论体系的架构，人们对虚拟世界有了一定的主观认知和理论铺垫，但对于虚拟世界和相关技术依然没有一种相对明确的描述和称呼，一直到杰伦·拉尼尔的出现。杰伦·拉尼尔是一位集计算机科学家、艺术家、哲学家乃至思想家于一身的传奇式人物，他同时也是美国 VPL Research（可视化虚拟编程实验室）公司的创始人。在杰伦·拉尼尔的带领下，VPL Research 公司研发出了一系列技术水平领先的虚拟现实设备。

1987 年，杰伦·拉尼尔首次提出了虚拟现实的专用名词及其相关内涵。虚拟现实的内涵是综合利用计算机图形系统和各种现实及控制等接口设备，在计算机上生成的、可交互的三维环境中提供沉浸感觉的技术。其中，计算机生成的、可交互的三维环境称为虚拟环境（Virtual Environment，简称 VE）。虚拟现实技术是一种可以创建和体验虚拟世界的计算机仿真系统。它利用计算机生成一种模拟环境，利用多源信息融合的交互式三维动态视景和实体行为的系统仿真使用户沉浸到该环境中。

至此，虚拟现实成为学术界和业界对虚拟世界及相关技术的通用称呼，该名词及相关内涵的界定也一直沿用至今。虽然后来有不同领域提出的增强现实（AR）、混合现实（MR）、扩展现实（XR）等名称和概念，其内容都是基于杰伦·拉尼尔的虚拟现实（VR）的名词和内涵，然后对其进行延展，但本质上并没有革命性的突破。

二、虚拟现实雏形设备的出现与优化

1. 1968 年，"达摩克利斯之剑"首次实现了虚拟现实头戴式显示

前面已经讲到，美国科学家伊凡·苏泽兰在论文 Ultimate Display 中提出了相对完整的虚拟现实理论体系，并获得广泛认同，甚至沿用至今。伊凡·苏泽兰的理论并非凭空想象，而是来自自己多年在行业一线的研发、应用与总结。也就是说，伊凡·苏泽兰不只是科学理论家，他还是身体力行的科学实践家。

1968 年，伊凡·苏泽兰和他的学生鲍伯·斯普劳尔（Bob Sproull）创建了第一款连接到计算机而不是摄像机的虚拟现实头戴式显示设备。这款设备非常笨重，为了保证用户安全舒适佩戴，伊凡·苏泽兰将它和天花板相连，并用一根杆吊在人的脑袋上方，他们将这个设备形象地称为"达摩克利斯之剑"。通过这套设备，人们能够看到计算机生成的图形，这些图形是非常原始的 3D 线框。

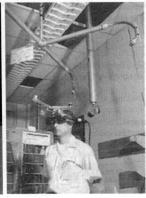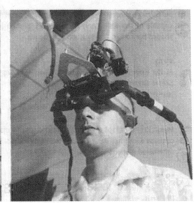

伊凡·苏泽兰和他研发的"达摩克利斯之剑"头戴式显示设备

2. 1969 年，Glowflow 首次实现了虚拟现实人机交互雏形"人工现实"

美国计算机艺术家兼互动艺术家迈隆·克鲁格（Myron Krueger）在威斯康星大学攻读博士学位期间从事了许多计算机互动及应用研究的工作，他于 1969 年创作了计算机数字艺术交互作品 Glowflow。Glowflow 是早期虚拟现实环境实现的雏形，被称为最早的"人工现实"作品。它是一个由计算机控制，以人响应作为输入的虚拟现实人机交互作品，是一个由计算机追踪控制环境、体验者参与行为控制和效果呈现的交互式计算机艺术作品。Glowflow 被称为计算机数字信息时代第一个真正意义上的计算机互动艺术作品。该作品首次将艺术创作的焦点集中在体验者与计算机艺术作品之间的交互过程上，由体验者亲身参与计算机的互动过程，计算机再根据参与者的现场表现即时反馈出不同的艺术内容，进而实现不同人物的不同交互动作，呈现不同的交互艺术内容形态。Glowflow 是虚拟现实核心技术领域——人机交互的重要体现，为后来虚拟现实在人机交互领域的发展提供了参考。

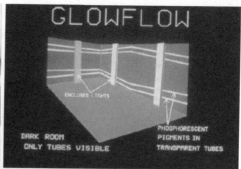

迈隆·克鲁格与他的作品 Glowflow 的工作方式效果图

3.1985 年，第一个用户与虚拟物体进行交互的 Videoplace 系统诞生

迈隆·克鲁格在创作完成具备人机交互雏形的作品 Glowflow 之后，进行了深入的研究和总结，提出了电脑互动的观念，并将虚拟现实的观念首次带入了艺术创作领域。1985 年，迈隆·克鲁格创建了第一个可以让用户与虚拟物体进行交互的虚拟现实人机交互系统 Videoplace。下图显示的是迈隆·克鲁格人机交互系统 Videoplace 的用户体验效果与实现原理图。

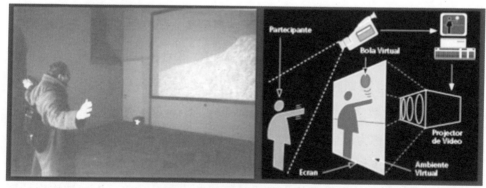

Videoplace 的用户体验效果与实现原理图

下图显示的是体验者与 Videoplace 交互的过程及呈现出来的人机互动艺术作品的整体效果。从中可以看到，体验者在平面前做出不同的动作，计算机摄像头就可以捕捉到体验者的身体动态，然后将动态数据反馈给计算机，让计算机跟随动态数据生成一系列不同的画面效果。可见，在这个过程中汇总计算机对体验者动态的识别，以及根据动态数据进行数据反馈和作品再造，是

Videoplace 的技术重点。而这些技术恰好为虚拟现实技术在人机交互及计算机即时图形处理方面的研究提供了丰富的研究素材，为虚拟现实人机交互应用实现提供了较好的案例和依据。

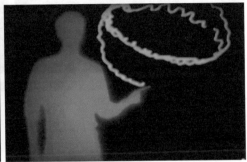

体验者与 Videoplace 交互及互动作品呈现的效果

三、虚拟现实初代完整原型机的诞生

真正的科学家从来不是只会纸上谈兵，他们提出理论的同时在应用研究方面也通常会研发出超乎常人的成果。就如同科学家伊凡·苏泽兰在 *Ultimate Display* 中提出了虚拟现实理论体系之后不久研发出虚拟现实头戴式显示设备"达摩克利斯之剑"一样。杰伦·拉尼尔也在提出虚拟现实的名词和内涵后，进一步展开实践应用研究，并于 1987 年开发出世界上第一套真正意义上的虚拟现实设备 VPL-EyePhone。该设备拥有今天虚拟现实设备的主要功能。

VPL-EyePhone 整套设备与体验者使用效果

体验者使用 VPL-EyePhone 和相关跟踪组件进行网球练习及多角色交互的效果

从上面两组图片素材中，我们可以了解到 VPL-EyePhone 已经具备了现代虚拟现实系统基本的技术特征，如连接计算机获取计算机生成的 3D 图形数据，相对小型化的虚拟现实头戴式显示设备，以及头显设备与跟踪组件的用户运动追踪，等等。杰伦·拉尼尔带领 VPL 公司研发出包括 Dataglove 数据手套、EyePhone 头戴式显示设备的一系列虚拟现实设备，并且致力于虚拟现实产品的商业化，将 VPL 公司逐渐发展成一家以制造虚拟现实软硬件产品为导向的公司。虽然后来 VPL 在 1992 年末走向了破产，但作为全球第一家研发和销售虚拟现实产品的公司，他们为虚拟现实科技的进步和产业化发展做出了重要的贡献。

四、更多虚拟现实产品的出现

VPL-EyePhone 出现后，虚拟现实技术开始完整地呈现出来，人们开始真正体验虚拟现实，并感受到其巨大的发展空间。越来越多企业投入虚拟现实产业中，研发出各种各样的产品，如 Atari VR，Jaguar VR，CyberMaxx VR，IBM Project Elysium VR，Forte VFX1 VR Headgean，等等。

1. Atari VR 和 Jaguar VR

20 世纪 80 年代，美国游戏开发商 Atari 公司研发出虚拟现实设备 Atari VR。1992 年，Atari 推出新一代虚拟现实设备 Jaguar VR。

Atari VR 和 Jaguar VR

2. CyberMaxx VR

1993 年，美国虚拟现实四维电脑玩具公司 Victor-Maxx Technologies 研发的虚拟现实设备 CyberMaxx VR，可运行《毁灭战士 2》（*Doom 2*）。

CyberMaxx VR

3. IBM Project Elysium VR

1995 年，国际商用电脑公司 IBM 推出沉浸式虚拟现实系统 Project Elysium VR。

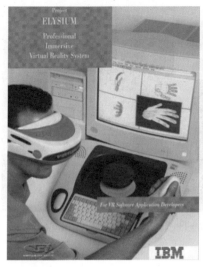

IBM Project Elysium VR

4. Forte VFX1 VR Headgear

1995 年，美国 Forte Technologies 公司研发出 Forte VFX1 VR Headgear。下图显示的是 Forte VFX1 VR Headgear，左为体验者佩戴效果，右为设备的控制手柄 Cyber Book。

Forte VFX1 VR Headgear

虚拟现实基础理论的确立和具备相对完整功能虚拟现实技术的诞生推动了虚拟现实设备如雨后春笋般层出不穷。正是大量的虚拟现实设备的出现并融入大众和行业的应用中，才能够积累更多的用户信息和行业应用经验，进而逐步优化和完善相关技术。

第三节　虚拟现实在各领域的尝试性应用积累期

随着虚拟现实理论体系的建立和以 VPL-EyePhone 为代表的虚拟现实硬件设备的市场化发展，虚拟现实开始尝试性地在各行业里逐步应用起来，其中又以电影业、游戏业、航空航天、军事仿真训练、心理治疗等领域的应用较为突出。

一、虚拟现实题材电影广泛传播虚拟现实概念

1.《天才除草人》

1992 年，虚拟现实题材电影《天才除草人》（*The Lawnmower Man*）上映，该片的热映向观众普及了虚拟现实的概念和相关知识。电影以 VPL 公司创始人杰伦·拉尼尔早期在实验室的经历为原型进行编剧，英国、美国、日本三国的电影公司联合摄制，布雷特·伦纳德执导，杰夫·法赫、皮尔斯·布鲁斯南、珍妮·赖特主演。电影中所使用的虚拟现实设备由 VPL 公司提供。

影片内容概述如下：千年之交，一种名为"虚拟现实"的技术将得到广泛应用，它能将人带入一个由电脑创造出来的如同梦想世界般无限丰富的虚幻世界。它的创造者预测这种技术将为人类社会的发展发挥积极的作用，但也有人担心它会被人利用，成为一种控制人类思想的工具。在美国一间虚拟空间工厂内，安吉罗博士正在致力于研究一种能够迅速提高人类智商的"5 号计划"。一个偶然的机会，患有先天性智力缺陷的除草人乔布出现在了安吉罗的面前，乔布天生乐观善良，安吉罗决心让乔布参与试验。安吉罗对乔布的实验和训练进行了仅仅一个月，乔布的智商就增长了 4 倍。乔布从一个智力缺陷者变成了聪明英俊的帅小伙，并俘获了美人的芳心。此时的乔布已经开始拥有了一种"用思想控制物质"的神奇力量，他甚至借助这种力量烧死了表面仁慈、内心阴暗并迫害自己的神父，一直虐待他唯一的朋友彼得的父亲也没有得到好结果。安

吉罗此时意识到自己可能害了乔布,他努力说服乔布停止进入虚拟空间。但乔布已经失去了理智,他的智商甚至已经超越了安吉罗,并自行进行着实验,更令安吉罗恐慌的是,乔布正企图利用虚拟空间来获得控制整个世界的力量……

《天才除草人》宣传海报和 VPL 公司研发的虚拟现实装备

下面左图显示的是电影中安吉罗博士和除草人乔布在家里使用初级虚拟现实设备体验虚拟现实内容;下面右图显示的是使用高级虚拟现实设备进入虚拟世界的状态。

《天才除草人》中使用初级虚拟现实设备和高级虚拟现实设备

《天才除草人》让虚拟现实这种技术首次进入大众的视野,向全世界观众普及了虚拟现实概念,并首次让人们意识到虚拟现实未来将会成为一种改变世界的力量。此后,更多虚拟现实题材的电影陆续出现,突出虚拟现实技术更加广泛深入的传播。例如,1999—2003 年推出的史无前例的虚拟现实题材电影《黑客帝国》三部曲,2018 年史蒂文·斯皮尔伯格执导的虚拟现实题材电影《头号玩家》。

2.《黑客帝国》三部曲

《黑客帝国》三部曲被公认为是美国科幻电影的经典之作。《黑客帝国》

（第一部）重点描述了未来世界被虚拟力量主宰，人们看似在光鲜亮丽的虚拟世界中工作和生活，但真实世界已经暗无天日，主角需要找到真实世界的入口，从而挽救人类。影片讲述了在矩阵中生活的一名年轻的网络黑客尼奥（基努·里维斯饰）发现，看似正常的现实世界实际上似乎被某种力量控制着，尼奥便在网络上调查此事。而在现实中生活的人类反抗组织的船长墨菲斯（劳伦斯·菲什伯恩饰）也一直在矩阵中寻找传说的救世主。两人在人类反抗组织成员崔妮蒂（凯莉·安·摩丝饰）的指引下见面了，尼奥也在墨菲斯的指引下回到了真正的现实世界中，逃离了矩阵。这时他才了解到，原来自己一直活在虚拟世界当中，而真实世界已经暗无天日。

《黑客帝国2：重装上阵》（第二部）重点描述了人类与虚拟世界的斗争及背后的使命，是主角尼奥探寻自己使命背后真相的过程，他要为自己的行动寻找一个可以接受的理由。面对强大的虚拟世界力量，他们到达地球上最后一个真实世界中人类的据点——锡安基地。在那里，他们和其他自由战士聚集到一起。与此同时，来自虚拟世界强大力量的母体系统决定派遣高达250000的高破坏力电子乌贼大军，浩浩荡荡地攻向锡安基地。微弱的基地防守力量根本不足以对抗如此强大的机甲兵团，人类岌岌可危。

《黑客帝国3：矩阵革命》（第三部）重点描述了人类与虚拟世界母体系统展开的生死决战。面对如潮的电子乌贼，人类城市危在旦夕，墨菲斯和崔妮蒂等欲与入侵者决一死战。此时，"救世主"尼奥的身体和思想却意外分离，后者再度陷入"母体"中。墨菲斯和崔妮蒂也不得不回到"母体"和守护天使一起寻找他。最后，在和机器的谈判中，机器答应为了人类和机器的共同利益，尼奥去消灭虚拟世界代言人史密斯，而机器不再摧毁锡安基地。人类迎来新的和平。

《黑客帝国》三部曲是对虚拟世界和真实世界之间矛盾和角逐所进行的史诗级对话和生动表现，从来没有哪一话题能够像它一样吸引着大众对虚拟世界进行如此深入、如此持久的讨论和思考。至今20年过去了，关于虚拟世界的描述，《黑客帝国》三部曲依然是不可逾越的高峰。下图显示的是《黑客帝国》（第一部）中，主角尼奥第一次能够观察到真实世界与数字虚拟世界时，虚拟世界代言人史密斯的数字化效果。

《黑客帝国》（第一部）中虚拟世界代言人史密斯的数字化效果

下图显示的是《黑客帝国3：矩阵革命》（第三部）中，主角尼奥在暴雨中单枪匹马面对来自虚拟世界母体系统大军的壮观场景。

《黑客帝国3：矩阵革命》（第三部）中主角尼奥单枪匹马面对虚拟世界大军

3.《头号玩家》

《头号玩家》取材于虚拟现实技术爆发的2016年，电影中呈现的虚拟现实技术、虚拟世界及相关体验装备都与当前科技的发展密切相关。电影中的每一项设备、科技及内容都能在当时的虚拟现实科技成果中找到对应的支撑。也就是说，《头号玩家》并非那种不着边际的科学幻想，而是对未来虚拟现实科技发展进行电影视听语言的预见。《头号玩家》讲述了一位落魄少年在虚拟现实世界中实现自我、拯救人类的励志故事。故事设定在 2045 年，处于混乱和崩溃边缘的现实世界令人失望，人们将救赎的希望寄托于"绿洲"——一个由鬼才詹姆斯·哈利迪打造的虚拟游戏宇宙。人们只要戴上 VR 头显，就可以进入这个与现实形成强烈反差的虚拟世界。在这个世界中，有繁华的都市，形象各异、光彩照人的玩家，不同风格、不同种类的影视游戏中的经典角色也在这里齐聚。就算你在现实中是一个挣扎在社会边缘的失败者，在"绿洲"里依然可以成为超级英雄，再遥远的梦想都变得触手可及。哈利迪离世之际，宣布将巨额财产和"绿洲"的所有权留给第一个闯过三道谜题、找出他在游戏中藏匿彩蛋的人，由此引发了一场全世界范围内的竞争。影片的男主角戴上 VR 头显，他将在这场竞争中找到自己的爱情、友情及至高无上的成就。

《头号玩家》就如同史蒂文·斯皮尔伯格花了 1.75 亿美元在全世界范围内给虚拟现实做了一次科普式的广告，让全世界的观众能够如此清楚地认识到虚拟现实到底是什么。下图显示的是《头号玩家》的海报，图中男主角佩戴的 VR 头盔和我们现实中使用的头盔别无二致。海报中左边的画面显示的是处于混乱和崩溃边缘的现实世界，右边的画面显示的是在虚拟现实世界中青少年所热爱的动漫游戏世界，人们戴上 VR 头盔可以在虚拟现实中实现自己的梦想。

《头号玩家》海报

二、虚拟现实在游戏领域的尝试性应用积累

1. 1991 年，Virtuality Group 虚拟现实游戏机出现

1991 年，美国虚拟现实集团（Virtuality Group）发布了虚拟现实游戏机
Virtuality 1000CS。该设备被称为 20 世纪 90 年代最具影响力的虚拟现实游戏
设备，是虚拟现实在大众消费级领域发展的重大飞跃。Virtuality 1000CS 使用
Amiga 3000 计算机来处理大多数游戏 3D 图形的运算，使用头显播放视频和音
频，用户可以使用 3D 操纵杆来实现和虚拟现实对象的交互。美国虚拟现实集
团推出了一系列虚拟现实街机游戏和设备，体验者可以佩戴一套 VR 护目镜，
并在街机设备上体验小于 50 毫米延迟的实时身临其境的 3D 立体内容。此外，
该设备还可以通过网络将多台设备连接到一起，实现多用户联网团队合作体验
的效果。

单人体验 Virtuality 1000CS

多人体验 Virtuality 1000CS

2.1993 年，Sega 发布虚拟现实眼镜游戏机原型

1993 年，日本世嘉公司（Sega）在国际消费电子产品展（International Consumer Electronics Show，简称 CES）上宣布他们为 Sega Genesis 游戏机研发了 Sega VR。环绕式原型眼镜具有头部跟踪功能、立体音效和用于显示的 LCD 屏幕。Sega 计划在一年后以 200 美元的售价发布这款产品，同时开发支持这款 VR 头显的 4 款游戏。遗憾的是，该设备并没有如期地推向市场，一直停留在原型阶段，Sega VR 只是昙花一现。

Sega VR

3.1995 年，Nintendo 发布虚拟现实游戏机 Virtual Boy

1995 年，日本任天堂公司（Nintendo）发布了全球第一款 32 位虚拟现实游戏机 Virtual Boy。它搭载了一块 32 位处理器，型号为 NEC V810，主频为 20MHz，同时集成高性能显卡。这一配置在当时来讲性能是极为先进的。Virtual Boy 采用了头戴式显示器的设计，内置两块分辨率 384×224 的红色 LED 单色显示器，可支持 128 级对比度的黑色、红色显示。由于拥有两块屏幕模仿人眼视角，即便当时的游戏画面为 2D，也可通过调整视角形成一定的 3D 效果。Virtual Boy 是当时最先进的虚拟现实游戏设备。

Virtual Boy 和体验者的使用情况

下面左图显示的是 Nintendo 在展会上展示虚拟现实游戏设备 Virtual Boy；右图显示的是 Virtual Boy 中的一款游戏《马里奥乒乓球》的画面，从中可以看到画面中只有黑色和红色，但可显示不同深度，进而表现出具有深度空间的虚拟现实 3D 立体空间。

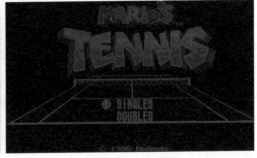

Virtual Boy 参展　　　　　　　　　　　　《马里奥乒乓球》

三、虚拟现实在航空航天、军事、医疗等领域的应用积累

1. 虚拟现实在航空航天领域的应用

20 世纪 80 年代，几乎与杰伦·拉尼尔及其创建的 VPL 公司同步，美国国家航空航天局（NASA）就开始着手创建了虚拟现实实验室（NASA VR Lab）。这个实验室专门致力于将虚拟现实科技应用于航空航天领域的技术研究和航空航天人才的培养。

NASA VR Lab

NASA VR Lab 整合行业的研究成果，结合航空航天领域的特殊需求研制出一系列虚拟现实应用成果，其中包括航空航天专用的虚拟现实设备和相关应用案例。

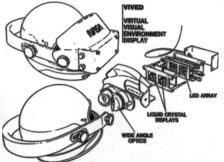

NASA VR Lab 专用设备及应用

NASA VR Lab 一直保持着对虚拟现实在航空航天领域的前沿性研究与持续应用。2016 年，NASA 的技术专家 McLarney 表示："（虽然）这些都不是我们自己研发的技术，（但却）是整个科技行业与学术界为我们做出的贡献，我们更应好好利用。事实上，虚拟现实对于 NASA 的科研来说的确是一个划时代的革新。它彻底地改变了我们对信息的处理方式。"同时，McLarney 也对未来虚拟现实的发展充满了期待，他认为："再过 10 年，虚拟现实将成为必不可少的基础工具。"2016 年，NASA 使用微软发布的虚拟现实设备 Hololens 培训宇航员在太空舱工作。

NASA 使用 Hololens 培训宇航员在太空舱工作

2. 虚拟现实在军事领域中的应用

随着虚拟现实技术的持续发展，美国开始使用虚拟现实进行军事训练。2002 年，美国推出了单兵训练游戏《美国陆军》；2011 年，美国推出了用于单兵训练的虚拟现实模拟平台美国陆军步兵训练系统（US Army Dismounted Soldier Training System，简称 DSTS）。DSTS 项目由美国政府投资 5700 万美元进行开发。

美国陆军步兵训练系统

3. 虚拟现实在医疗领域中的应用

2008 年，应美国国防部的需求，美国南加州大学的临床心理学家利用虚拟现实治疗创伤后应激障碍相关病症的试验。他们开发了一款名为《虚拟伊拉克》（Virtual IRAQ）的治疗游戏，帮助那些在伊拉克战场中遭受心理打击和战争创伤的军人患者，让他们以一种平和的心态回到伊拉克战场，并针对相关问题进行对症治疗。数据显示，《虚拟伊拉克》针对患者治疗效果非常显著。

《虚拟伊拉克》

通过前面的内容我们可以看到：《天才除草人》《黑客帝国》《头号玩家》等虚拟现实题材电影的传播为虚拟现实奠定了广泛的群众基础；Virtuality Group 的虚拟现实游戏机、Sega 发布的 VR 眼镜游戏机、Nintendo 的 Virtual Boy 虚拟现实游戏机等设备的出现使虚拟现实在游戏领域进行了大量的应用积累；美国航空航天局虚拟现实实验室、美国陆军步兵训练系统、美国南加州大学临床心理学中心使用虚拟现实进行心理治疗等虚拟现实行业应用的快速发展，使虚拟现实在电影题材、游戏技术、航空航天、军事仿真、医疗等领域进行了丰富的应用积累。这些广泛的行业应用积累为接下来新一代的虚拟现实设备发展，为推动虚拟现实产业发展元年的到来奠定了坚实的基础。

第四节　虚拟现实产业化发展元年的到来

在本节，我们将重点讲到三个代表性虚拟现实产品：Oculus Rift CV1，Sony PlayStation VR，HTC Vive。正是因为这三个最具代表性的虚拟现实产品在 2016 年的集中上市，才真正代表了高性价比和高体验效果，以及广阔应用场景的虚拟现实产业化发展元年的到来。

一、Oculus Rift CV1

Oculus 是推动当今虚拟现实产业化发展的中坚力量。Oculus 系列虚拟现实产品的技术发展和持续推出拉动着全球虚拟现实产业化发展的中枢神经。2012年，90 后的年轻创业者帕尔默·洛基（Palmer Luckey）创办了 Oculus 公司。同年，Oculus VR 头显原型机在众筹网站 Kickstarter 上发起众筹，获得 250 万美元的众筹资金。2012 年底，Oculus 推出了首款虚拟现实设备 Oculus Rift DK1。2013 年，Oculus Rift DK2 顺利完成了开发，该设备显示效果提升，结构设计更加符合人体工学，有效提高了科技行业对虚拟现实潜能的兴趣。2014 年，Facebook 以高达 20 亿美元的天价收购了 Oculus，首先点亮了虚拟现实元年前夜的第一盏灯。此后，Oculus 投入大量资金以提升硬件和软件的开发效率和产品质量。2016 年3 月，Oculus 第一代面向大众的消费者版本虚拟现实设备 Oculus Rift CV1 正式接受预订，年中开始发货。

Oculus 创始人帕尔默·洛基与 Oculus 虚拟现实设备

二、Sony PlayStation VR

索尼（Sony）是紧随 Oculus 之后的重要虚拟现实厂商，在推动今天的虚拟现实产业化发展领域也是功不可没的。一直以来，索尼是数字娱乐产业发展领域的领头羊。在虚拟现实应用于游戏场景的产业化发展领域，索尼也表现出强劲的发展势头。2010 年，索尼工程师杰夫·斯塔福德（Jeff Stafford）利用"10%"的自主研发时间研究增强现实技术。2011 年，在索尼外设部门 Magic Lab 负责人克鲁索·毛（Crusoe Mao）的支持下，杰夫·斯塔福德将研究方向转向虚拟现实，并与索尼在英国的一个团队进行联合开发，该团队成为后来的（沉浸式技术部）。在索尼机械工程师格伦·布莱克（Glen Black）的帮助下，杰夫·斯塔福德与他们合作开发出了第一台虚拟现实原型机"观测盒"（Viewer Boxes），并将这个虚拟现实方案称为"梦神计划"（Project Morpheus）。与此同时，外设部门 Magic Lab 研发出体感追踪与遥控器设备 Sony PlayStation Move，为"梦神计划"提供了 VR 头显设备的追踪技术和手柄控制技术。

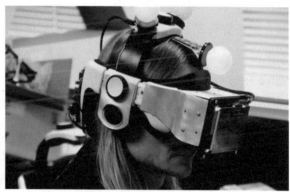

体感遥控器 Sony PlayStation Move 和虚拟现实原型机"观测盒"

经过长达 4 年的持续研发和优化，2015 年东京电玩展（Tokyo Game Show，简称 TGS）展前发布会上，Project Morpheus 项目正式对外发布并更名为 PlayStation VR。2016 年 10 月，PlayStation VR 在全球上市。

Project Morpheus 早期头显与 PlayStation VR 头显和手柄

三、HTC Vive

HTC Vive 是虚拟现实后来者，却后发制人。首先高质量产品大面积上市且部分关键技术领先全球，2016—2017 年达到了引领虚拟现实空间体验行业新标准的高度。HTC Vive 是游戏软件开发公司 Valve 与手机生产厂商 HTC 联合开发的虚拟现实产品。2012 年，原本擅长开发游戏软件的 Valve 公司开始涉足虚拟现实硬件领域，并开发出一套由相机和 AprilTag 组成的简易头戴式显示系统。2013 年，HTC 开始着手进行虚拟现实硬件的开发。但是，到 2013 年底，Valve 和 HTC 的研发成果都未能令人满意，因为他们各自都发现了自己在虚拟现实整体架构方面的不足。而此时，Facebook 巨额投资的 Oculus 在虚拟现实产品研发方面却势头强劲，产品研发质量和效率都非同寻常。Valve 和 HTC 都知道，如果把握不当，这一次虚拟现实产业发展的大好时机将稍纵即逝。2014 年初，Valve 在与 Oculus 合作谈判破裂后，与 HTC 坐在同一张桌上。经过双方面对面的磋商后，他们的合作协议很快签订下来。随后仅经过一年的时间，在 2015 年 3 月巴塞罗那世界移动通信大会上，HTC 和 Valve 合作的虚拟现实设备——HTC Vive 正式发布。2016 年 4 月，HTC Vive 在全球上市并发货，成为当时全球最早发货的虚拟现实设备。在当时三大虚拟现实终端（Oculus Rift CV1、Sony PlayStation VR 和 HTC Vive）中，HTC Vive 以独有的 Room Scale 房型空间跟踪系统和高精度的体感式定位效果，给体验者带来了高品质的身临其境沉浸感。在这一领域中，HTC Vive 领先 Oculus Rift CV1 和 Sony PlayStation VR，也成为后者研发目标。下图显示的是 Valve 初代 VR 设备和 Valve 与 HTC 联合开发的 Vive 原型机。

Valve 初代虚拟现实设备与 Valve 和 HTC 联合开发的 Vive 原型机

下图显示的是实现 HTC Vive 的 Room Scale 功能的激光基站和高精度定位手柄原型，它们为 HTC Vive 提供了强大的空间跟踪和定位支持。

HTC Vive 的激光基站和高精度定位手柄原型

下图显示的是 Valve 与 HTC 联合开发的最终产品 HTC Vive 虚拟现实设备套件，包括一个头显、两个基站和两个手柄。

HTC Vive 虚拟现实设备套件

2016 年，Oculus Rift CV1、Sony PlayStation VR 和 HTC Vive 三种科技最前沿的 VR 产品集中面市。普通消费者只需要花数百美元就能购买和体验到这些高质量的产品和丰富的内容。这些史无前例的高性价比和划时代体验效果的虚拟现实设备的集体面市，代表着虚拟现实技术已经具备走向大众消费的条件，而虚拟现实产业化发展的元年也已经到来。于是，2016 年虚拟现实开启了全球资本追逐与投资的第一波热潮。

第二章　虚拟现实发展现状

2016 年，随着 Oculus Rift CV1、Sony PlayStation VR、HTC Vive 的陆续上市，大众虚拟现实产品开始系列化走向市场。这一年被称为虚拟现实产业化发展的元年。与此前发展各类型的虚拟现实产品相比，这种大众化虚拟现实产品有两个突出的特征：第一，带来了真正意义上的沉浸式交互体验产品，让大众第一次真正地感受身临其境的体验；第二，首次规模化地形成了以虚拟现实终端消费、虚拟现实平台运营及虚拟现实内容研发为闭环的虚拟现实产业生态链系统。而这个生态链的形成，其先决条件就是当今虚拟现实技术的日益走向成熟。

第一节　虚拟现实技术

当今，虚拟现实技术的核心主体是虚拟现实终端设备。虚拟现实终端设备的发展涉及四大关键技术：虚拟现实显示技术、虚拟现实计算技术、虚拟现实交互技术和虚拟现实通信技术。下面分别从这四个关键环节来了解当前的虚拟现实技术。

一、虚拟现实显示技术

虚拟现实核心技术中最基础的是虚拟现实头戴设备的显示技术，即显示屏及显示透镜。从下图中可以看出，虚拟现实头戴设备的显示屏与普通 PC 电脑显示屏有着显著的不同。虚拟现实头戴设备的显示模块像眼镜一样戴在头上，因此虚拟现实屏与人眼距离极近，几乎贴在眼前。因此，虚拟现实头戴设备的显示技术被形象地称为近眼显示技术。与普通电脑显示屏相比，近眼显示有着不同的技术标准，其关键要素包括显示清晰度、显示刷新率、视场角及健康指标。

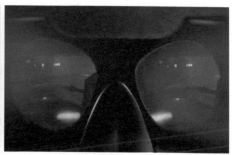

虚拟现实头戴设备 Oculus Rift S 的显示模块

1. 显示清晰度

虚拟现实头戴设备的显示分辨率和像素密度是影响虚拟现实显示清晰度的核心指标，分辨率越高，像素密度越高，虚拟现实体验过程中看到的内容清晰度就越高，身临其境的逼真效果就越好。分辨率的基本表达是宽高的像素数量，比如 HTC Vive Pro 的显示单眼分辨率为 1440×1600，双眼分辨率为 2880×1600。像素密度是指每英寸所拥有的像素数量，单位是 PPI，即英文 Pixels Per Inch 的首字母缩写。PPI 数值越高，即代表显示屏能够以越高的密度显示图像，拟真度就越高。HTC Vive Pro 的屏幕像素密度是 615PPI。需要说明的是，由于虚拟现实呈现的内容是通过虚拟现实电脑 GPU 显卡在虚拟现实引擎中即时渲染而产生的，分辨率越高代表着对电脑 GPU 显卡即时渲染的性能消耗越大，硬件要求就越高。因此，分辨率更高的虚拟现实终端需要配备更高性能的电脑才能获得更好的体验。

2. 显示刷新率

显示刷新率是虚拟现实头戴设备显示舒适度的重要指标之一。显示刷新率主要是指显示屏每秒刷新显示的速率，单位是 Hz（赫兹）。比如 120Hz 刷新率显示，就是指显示屏的物理刷新速度上限为每秒 120 次。对于用户来讲，刷新率越低，图像闪烁越有停顿感，抖动的感觉就越严重，眼睛越容易疲劳。反之，刷新率越高，显示画面的稳定性越好，虚拟现实的体验就会越舒适。需要指出的是，显示刷新率不是独立存在的，不意味着有个刷新率高的虚拟现实头戴设备，就必然能获得高稳定的显示画面和舒适的体验。比如我们买了一台刷新率90Hz（每秒刷新90次）的电视，在玩游戏的时候游戏画面未必都能达到每秒90帧。电脑性能高，显示帧速率就高，反之就低。也就是说，体验虚拟现实内容的时候，显示终端的刷新率、电脑图形计算性功能、软件的优化三个方面综合决定了人们体验虚拟现实过程的图像显示稳定性和舒适度。头显刷新率越高、电脑性能越好、软件优化越好，虚拟现实内容刷新率就越高，人们体验就会越舒适。

3. 视场角

视场角是指戴上虚拟现实头戴设备后人眼有效视线的范围，视场角越大，可视范围越大，身临其境的临场感越强。如下图所示，虚拟现实头戴设备的视场角分为宽度视场角和高度视场角。其中，AB为宽度视场角，BC为高度视场角。

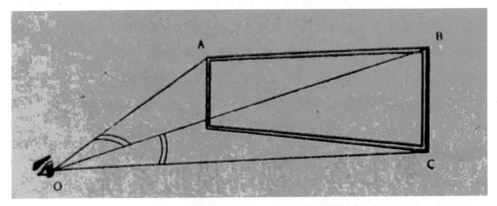

虚拟现实头戴设备的一只眼睛的视场角

视场角太小会感觉视野太狭小，像透过一个孔洞去偷窥虚拟世界。比如，HoloLens第一代产品的视场角为水平角度30度，垂直角度为17.5度。这是一个较小视场角，可视范围非常有限。Sony PlayStation VR第一代产品的视场角为100度。这是一个较大的视场角，但100度对于人眼来讲显然偏小，因此会有明显的透过洞口去看虚拟世界的感觉。目前已知最大视场角的是 Star VR One 设备，它的视场角为 210 度。

4. 健康指标

虚拟现实显示设备是距离我们眼睛最近的显示器，如此近距离的长期观看对于人眼的健康和安全来讲显得非常重要。虚拟现实显示设备的健康指标是虚拟现实技术是否成熟的重要标准。我们知道，当今的虚拟现实眼镜的基本显示结构一般是"透镜＋屏幕"的成像方式，透镜在眼前 2cm—3cm 处，屏幕距透镜 3cm—6cm，虚像成像在眼前 25cm—50cm 左右。假设你现在戴着 VR 头显正在体验其中的一个游戏，你的视线将一直持续聚焦在 25cm—50cm 处无法移动，并且视野里全部是电子显示屏，长时间眼部肌肉会非常疲劳。因此，如何通过透镜和显示屏的设计来降低对人眼健康的影响至关重要。拥有高技术水平的虚拟现实显示设备在透镜上具有较好的智能调节焦距功能，在电子显示屏上有过滤对人眼有害的短波蓝光涂层，以及眼球视点追踪和保护功能，等等。这些都能较大程度地提升虚拟现实显示设备对人眼健康的保护。

二、虚拟现实计算技术

虚拟现实计算技术的核心是基于虚拟现实引擎的虚拟现实画面即时渲染所需要的图形计算技术。基于 PC 端的虚拟现实头显计算技术的决定因素是 GPU 图形显卡。显卡的性能越高，虚拟现实显示计算的效果就越好。图形显卡的计算性能决定了虚拟现实能够承载的 3D 图形内容的复杂程度和虚拟现实显示即时渲染刷新帧速率。这两点对于虚拟现实体验至关重要，3D 图形内容的复杂程度决定了虚拟现实显示内容的细节和真实度，即时渲染刷新帧速率则决定了人们在虚拟现实体验中的舒适度。图形计算的复杂度越高，虚拟现实看到的内容越细致、越真实，即时渲染刷新帧速率越高，体验越舒适。行业中出现的虚拟现实体验头晕等不舒适的情况，绝大部分来自即时渲染刷新帧速率低于标准值（每秒 90 帧）。目前，在基于 PC 端的虚拟现实领域，NVidia 系列图形显卡是全球 PC 端 GPU 图形显卡领域的领头羊，NVidia GPU 显卡的运算性能决定了当前虚拟现实图像计算技术的水平。

PC 端虚拟现实计算平台和 GPU 显卡

基于移动端的虚拟现实计算以移动芯片为核心。芯片包含图形计算性能、摄像机信息获取性能、多自由度定位及移动功耗、散热等移动虚拟现实终端的重要指标。在移动端虚拟现实领域，虚拟现实计算技术以移动终端芯片为核心。目前，美国高通为移动终端核心芯片的领军企业，全球超过 80% 的移动虚拟现实终端都在使用高通的芯片。2018 年 10 月，中国华为推出的麒麟 980 芯片具有较强的虚拟现实与人工智能运算能力，甚至在多个领域超越同期的高通芯片。这使得中国自主研发芯片首次跻身世界一流移动芯片行列，并引领当时六个关键领域的全球第一。此后，华为陆续推出麒麟 990 等性能更高的芯片，其发展势头直逼高通。

Oculus Quest 移动虚拟现实终端、高通芯片和麒麟芯片

三、虚拟现实交互技术

虚拟现实交互技术即人与虚拟现实软硬件的交互形式与效率。我们知道，在 PC 互联网时代，键盘和鼠标是我们对 PC 电脑和 PC 互联网进行交互的主要方式。而到了手机移动互联网时代，我们用触摸屏替代了鼠标和键盘，同时还

增加大量的类似 GPS 移动定位、扫描二维码移动支付等全新交互方式，由于交互方式的扩展，移动终端平台极大地拓展了 PC 电脑的应用范围。事实上，人机交互的形式越丰富、交互效率越高，人们与数字世界的交互体验就会越丰富，体验效果可能越好，虚实交互的应用范围会越广泛。相比手机而言，虚拟现实的交互方式与交互技术显然有了更大的拓展——头部 6 自由度（Degree of Freedom，简称 Dof）视点交互、6 自由度控制器交互，体感交互、眼球注视点交互、十指触摸自然交互，等等。随着技术的持续发展，虚拟现实人机交互的终极目标将是完全自然姿态的人机交互，即人如同在真实世界一样全方位运用眼、耳、口、鼻、手、脚乃至身体、脑电波等，与虚拟世界进行全方位交互。这种交互方式的极大扩展将进一步拓宽虚拟现实终端的应用领域，最简单的预见是虚拟现实的应用场景将远远超越手机。目前在虚拟现实领域人机交互技术的龙头企业有微软、Oculus、Magic Leap、HTC、Sony 等。其中，微软研发的 HoloLens 2 终端呈现出较为先进的人机交互技术手段。

HoloLens 2 使用者与虚拟现实对象进行自然交互

四、虚拟现实通信技术

虚拟现实通信技术的发展可以分为两个阶段：第一阶段是虚拟现实显示终端与计算平台的通信，主要解决虚拟现实显示终端的显示和计算问题，让使用者获得更舒适的体验，我们可以将其称为虚拟现实个体通信；第二阶段是虚拟现实终端与虚拟现实终端的通信，主要是解决虚拟现实终端的网络通信问题，让虚拟现实用户之间能够更好地互通互联，我们可以将其称为虚拟现实终端互联通信。

1. 虚拟现实个体通信

虚拟现实个体通信有两种情况：第一种是基于 PC 平台的虚拟现实终端个体通信，第二种是基于云计算和 5G 技术的虚拟现实终端个体通信。

（1）基于 PC 平台的虚拟现实终端个体通信

基于 PC 平台的虚拟现实终端个体通信是指虚拟现实显示终端与 PC 主机之间通信的方式。由于虚拟现实一体机是将虚拟现实技术平台与显示终端整合在一起，因此一体机不存在虚拟现实终端个体内部的通信问题。而基于 PC 的虚拟现实显示终端需要借助 PC 主机进行虚拟现实内容计算，因此虚拟现实显示终端必须与主机进行连接而实现数据通信。目前，以 HTC Vive 和 Oculus Rift 为代表的虚拟现实设备是通过数据连接线的方式将显示终端与 PC 主机连接起来，确保显示终端能够获得 PC 主机引擎渲染输出的虚拟现实视频和相关交互数据信息。这是虚拟现实终端最低级的通信方式，由于需要数据连接线，体验者只能在 PC 主机数据连接线允许的范围内移动，还必须时时刻刻考虑到数据连接线的影响，也可能在体验过程中将数据连接线缠绕在自己身上。为了解决这个问题，有企业研发了背包式电脑，体验者可以背着一台电脑来体验虚拟现实内容。

使用数据连接线与 PC 连接和背包式电脑的虚拟现实体验

基于 PC 平台的虚拟现实终端个体通信除了使用数据连接线与主机相连以外，还研发出无线 Wi-Fi 技术的无线通信方式，即 PC 主机上安装基于虚拟现实数据信息的无线 Wi-Fi 发射设备，虚拟现实显示终端上安装 Wi-Fi 信息接收设备，进而实现无线虚拟现实体验效果。

HTC Vive Pro 的无线套装和使用者的体验效果

（2）基于云计算和 5G 技术的虚拟现实终端个体通信

基于云计算和 5G 技术的虚拟现实终端个体通信是未来虚拟现实技术的发展趋势，即虚拟现实终端通过无线 Wi-Fi 或 5G 通信与云端服务器进行连接通信，从云端服务器上获得虚拟现实内容。2018 年 6 月 27 日，华为联合中国移动发布面向 5G 的全球虚拟现实电竞网。在发布现场，华为与中国移动搭建了全球首例 5G 和千兆网异构网络连接环境下的虚拟现实电竞试验网，实现了全球首个跨区域、跨运营商的虚拟现实电竞实战及 360 度实时渲染全景直播展示。现场推出异地虚拟现实大空间定位多人对战竞技、虚拟现实健身单车等竞技游戏，供消费者参与 5G 与虚拟现实结合的游戏体验。引入功能强大的云服务器能够提高虚拟现实移动终端的计算和图像处理能力，通过多个用户之间的硬件资源共享减少所需的计算量。同时，5G 技术能够提供高达 10Gb / s 数据的高传输率，拥有 1 毫秒的端到端响应时间。而这些数据已经远远超过目前中高端 PC 电脑的虚拟现实计算性能和数据传输速率，完全能够胜任优质的虚拟现实体验。

2019 年 3 月 18 日，在美国旧金山举行的游戏开发者大会（Game Developers Conference，简称 GDC）上，谷歌宣布推出云游戏平台 Stadia。云游戏是一种以云计算技术为基础的在线游戏技术，它使图形处理与数据运算能力相对有限的轻端设备（如移动 iPad、手机、低配置电脑等）能运行高品质游戏，包括性能要求极高的 AAA 级游戏大作。简单地说，就是利用云计算技术，使原本对硬件水准要求较高的 PC 游戏与主机游戏能在手机端运行。通过谷歌 Stadia 平台，玩家将可以在任何装有 Chrome（谷歌浏览器）的设备上玩任何游戏，其中包括 AAA 大作。游戏不会存储在本地硬件上，而是从功能强大、经过优化的数据中心进行串流。这一技术无疑将会颠覆当前基于主机硬件的游戏模式，同时也会减少玩家对高端 PC 硬件的需求，轻而易举地体验高端游戏。"未来玩家将不再需要专业的游戏主机。"谷歌发言人菲尔·哈里森（Phil Harrison）表示，"通过 Stadia 平台，玩家无须下载，无须更新，也无须安装，在短短 5 秒时间内就能进入一款游戏。"

谷歌的云技术使得云服务器的远程计算成为可能，而华为的 5G 技术则完美地解决了海量数据传输问题。因此，5G 与云技术的结合将为未来虚拟现实产业的发展插上翅膀。最直接的是，基于云计算与 5G 技术的虚拟现实移动终端可以摆脱计算平台的约束，将终端集中于高清晰度的显示、高智能的交互及小巧便携等方面进行发展，进而研发出真正轻便、清晰和高效交互的虚拟现实终端。在 5G 和云计算技术的支撑下，不久的将来如同游泳眼镜一样轻便的虚拟现实终端即将到来。

2. 虚拟现实终端互联通信

虚拟现实终端互联通信事实上在今天的 PC 互联网上已经实现，即人们戴上虚拟现实终端设备能够通过 PC 互联网与远在天边的人进行信息互联互通，最有代表的应用产品是 VR Chat。VR Chat 是一款具有代表性的虚拟现实社交网络软件，虚拟现实用户可以进入 VR Chat 社区与世界上任何地区的人进行面对面的体感交流互动。当然，建立在虚拟现实终端必须连接到 PC 电脑后实现的效果，将会受到数据连接线、空间、时间等方面的限制。未来的虚拟现实终端互联的通信显然会突破 PC 电脑的束缚，将如同手机一样随时随地进行互联互通。解决这一问题的关键环节就是 5G。当用户使用具备 5G 通信技术的虚拟现实终端后，可以随时随地实现全球通信，进而实现身临其境的虚拟现实地球村。

第二节　虚拟现实与 VR、AR、MR、XR

在接触虚拟现实的过程中，人们会遇到类似 VR、AR、MR、XR 及更多的不同提法。它们分别代表什么？内容上有什么本质的异同？我们逐一进行解析。

一、VR 虚拟现实

VR 的英文全称为 Virtual Reality，中文翻译为虚拟现实，其基本技术目标是使用电脑图像技术制作模拟三维数据空间的虚拟现实世界，体验者可以进入其中，进行视觉、听觉、触觉等感官的模拟体验，进而获得身临其境的感受。虚拟现实允许体验者不受任何时间和空间限制地模拟、观察和体验三维数据空间的任何信息。VR 技术可以逼真地模拟真实世界，也可以创新性地创造梦想世界，可以源于现实又超出现实，给科学、工程、文化、教育等各类认知领域及人们的生活带来巨大的影响。

相对于纸张、电脑显示器、电视、电影、手机等传统信息载体，人们都是在 2D 的屏幕上感受信息，VR 则将人们可感知的信息革命性地扩展到 3D 空间，从而获得远远超越 2D 的信息，进而创造出更高维度的虚拟世界。

由于 VR 头显设备具有相对封闭的特征，体验者戴上后完全被设备遮挡了现实世界，进而完全沉浸式地进入虚拟现实的世界中。外界环境的变化对于 VR 体验者基本不会产生影响。下图显示了移动式 VR 一体机和基于 PC 端的 VR 头显设备体验效果，我们从中可以看到 VR 头显设备完全封闭。当戴上这种 VR 头显设备后，体验者不能再与身边的人和环境进行交流，他们将完全沉浸于虚拟世界中。

移动式 VR 一体机和基于 PC 端的 VR 头戴设备体验效果

二、AR 增强现实

AR 的英文全称为 Augmented Reality，中文翻译为增强现实，其基本技术目标是在真实世界的基础上将计算机图形、图像和相关数据进行叠加，进而达成一种增强真实世界信息显示的效果。下图显示了最具代表性的两个 AR 显示终端设备——谷歌研发的 Google Project Glass 增强现实智能眼镜和微软研发的 HoloLens 2 增强现实终端。

Google Project Glass 和 HoloLens 2

Google Project Glass 是由谷歌公司于 2012 年 4 月发布的一款增强现实智能眼镜。它具有与智能手机相同的功能，可以通过声音控制拍照、视频通话和辨明方向，以及移动上网、处理文字信息和电子邮件等功能。Google Project Glass 的主要结构包括在眼镜前方悬置的一台摄像头和一个位于镜框右侧的宽条状的电脑处理器装置，配备的摄像头像素为 500 万，可拍摄 720p 视频。

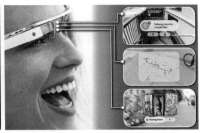

Google Project Glass 呈现的概念效果

HoloLens 是一款强大的 AR 头戴设备，在微软公司 2015 年的 Windows 10 发布会上首次亮相。它可以较好地运行 Windows 10 系统，不受任何限制——没有线缆和听筒，并且不需要连接电脑。Microsoft HoloLens 具有全息、高清镜头、立体声等特点，可以让用户看到和听到周围的全息景象。与虚拟现实完全虚拟出来一个世界不同，HoloLens 将计算机生成的内容叠加于现实世界之上。用户仍然可以行走自如，随意与人交谈，全然不必担心撞到墙。眼镜将会追踪用户的移动和视线，进而生成适当的虚拟对象，通过光线投射到用户的眼中。因为设备知道用户的方位，用户可以通过手势——目前只支持半空中抬起和放下手指点击——与虚拟 3D 对象交互。众多硬件帮助 HoloLens 实现栩栩如生的效果。各种传感器可以追踪用户在室内的移动，然后透过层叠的彩色镜片创建出可以从不同角度交互的对象。想在厨房中央查看一辆虚拟摩托的另一侧？只需走到相应的一侧即可。HoloLens 通过摄像头对室内物体进行观察，因此可以得知桌子、椅子和其他对象的方位，然后在这些对象表面及里面投射 3D 图像。例如在桌面投射虚拟音响，用户可以在开启音响后观察声波的影响范围。由于 HoloLens 强大的功能获得行业的认可，微软持续投入开发，并于 2019 年 3 月发布了第二代 HoloLens 平台，其整体功能获得极大提升。下图显示了微软 AR 终端 HoloLens 与 HoloLens 2 的体验效果。

微软 AR 终端 HoloLens 与 HoloLens 2 的体验效果

三、MR 混合现实

MR 的英文全称为 Mixed Reality，中文翻译为混合现实。MR 是在 VR 和 AR 出现之后产生的新概念。MR 被认为是 VR 与 AR 的合成，具体来讲，可以同时包括真实世界内容、数字虚拟内容和数字化信息内容。这个概念认为 MR 包含了 VR 的内容，同时也包含并扩展了 AR 的内容。它认为 AR 只是真实世界基础上虚拟信息的叠加，而 MR 除了在真实世界叠加信息以外，还可以获得更多的关于真实世界目标对象的数据信息。例如，建筑背后我们没有看到部分的线框结构和数据，建筑内部我们肉眼看不到的走动的人物，等等。事实上，AR 远不止于在真实世界上叠加虚拟图像，当 AR 终端与大数据信息网络连接后显然可以在真实世界上叠加空间信息和数字信息，如前面 MR 所强调的那部分内容。此外，随着虚拟现实技术的整体发展，VR、AR 完全可以有效融合，即在一个 VR 终端可以实现 AR 的功能，而在 AR 设备上也可以实现 VR 的功能。下面，我们来看看不同终端在 VR 与 AR 融合及数据信息与真实世界融合的案例。

Magic Leap 是全球虚拟现实领域融资规模最大的一家初创公司。Magic Leap One 是 Magic Leap 公司于 2018 年 8 月 9 日正式发布的 MR 产品，据称耗资高达 23 亿美元。Magic Leap 公司一度高调以光场显示与 MR 为亮点进行宣传。下面左图显示了 Magic Leap One 的使用情况，看起来像一个 VR 封闭眼镜与 AR 透明眼镜的结合体；右图是 Magic Leap One 呈现的 AR 效果。不仅如此，Magic Leap One 也能很好地呈现出 VR 效果。

Magic Leap One 终端呈现的效果

　　HoloLens 作为微软的重量级产品，虽然最早定位为 AR 的产品，但在用户使用后发现其具有较强的 MR 功能。在 HoloLens 推向市场的早期，微软将 HoloLens 定位为 AR 终端。但多年后，HoloLens 更多地将其称呼为 MR 终端。事实上，它确实可以很好地兼具 AR 与 VR 的功能。使用 HoloLens 在显示 AR 内容的同时，可以呈现出丰富的 VR 内容。也就是说，可以让体验者置身于一个完全不同于现实环境的虚拟场景中。如下面左图所示，体验者在使用 HoloLens 时体验置身于火星的虚拟场景中；右图是使用 HoloLens 设备选择旅游应用程序，当打开这款名为 HoloTour 的应用后，体验者就可以身临其境地进入世界著名旅游景点，如意大利的罗马古城、秘鲁的马丘比丘等。这些内容并非 AR 体验，而是典型的 VR 体验。

HoloLens 终端呈现 VR 的效果

　　HTC Vive 自面市以来，一直都以高品质的 VR 体验著称。在第一代 HTC Vive 头戴设备中，没有人把它与 AR 进行任何关联。但是，在 2018 年 3 月 19 日 HTC Vive Pro 正式面市后，我们发现 HTC Vive Pro 头盔前端增加了两个显眼的摄像头，就像两只可爱的眼睛，如下面左图所示。正是这两个摄像头使 Vive Pro 具有了强大的 AR 功能。下面右图是使用 HTC Vive Pro AR 功能后实现的增强现实效果。除了显示出真实并在其上叠加虚拟对象以外，还可以对人的手指动作进行精准的跟踪和建模。通过这种方式可以实现手指触摸级别的更高层次的虚实互动。

HTC Vive Pro VR 终端呈现 AR 的效果

下图是在 HTC Vive Pro 中，体验者与一条 AR 技术实现的鱼在真实环境中互动。这条鱼在真实世界的空中游动，体验者可以伸手去碰它。

HTC Vive Pro 中体验者与 AR 技术实现的鱼在真实环境中互动

四、XR 扩展现实

XR 的英文全称为 Extend Reality，中文翻译为扩展现实。XR 的概念出现在 AR、VR 和 MR 之后，目前并没有对 XR 的统一描述。大部分关于 XR 的描述认为，XR 扩展现实包含 VR 虚拟现实、AR 增强现实、MR 混合现实等全部内容。也有一些描述将 XR 的基本功能定义为在真实世界的基础上增加了基于大数据的信息，从而扩展了真实世界的信息内容。这种描述在很大程度上与前面讲过的 MR 有着非常相似的内涵。

事实上，从虚拟现实终端技术实现的角度来讲，VR、AR、MR 和 XR 在一定时期内可能会呈现出各有侧重的不同产品形态，但从长远发展来看，VR、AR、MR 和 XR 所描述的领域在技术实现上将会走向统一。也就是说，随着虚拟现实四大核心技术——虚拟现实显示技术、虚拟现实计算技术、虚拟现实交互技术和虚拟现实通信技术的持续发展，在不久的将来，一种成熟的虚拟现实终端将具备 VR、AR、MR 和 XR 的全部功能。而从内容研发的角度来讲，VR、AR、MR 和 XR 的研发技术和流程非常相似，它们基本都是在相似的专业虚拟现实交互引擎中进行开发，区别在于发布在不同的虚拟现实平台。

第三节 虚拟现实终端

虚拟现实终端是虚拟现实技术实现行业应用最基本的硬件条件。虚拟现实科技的发展集中体现在虚拟现实终端设备上，而虚拟现实产业应用的行业化落地实现也表现在虚拟现实终端与具体行业的应用上。虚拟现实产业技术的发展归根结底就是虚拟现实终端设备的发展，我们来详细了解当今虚拟现实终端的发展情况。

一、虚拟现实两种典型的终端形态——PC 虚拟现实和移动虚拟现实

根据虚拟现实计算平台链接方式的不同，虚拟现实终端目前主要有两种类型：基于 PC 主机平台的虚拟现实终端和基于移动平台的虚拟现实终端。随着 5G 技术的发展，未来将会出现基于云计算和 5G 技术的云计算虚拟现实终端，但由于目前这类设备还没有面世，暂不去探究，本节的重点是已经面世的设备——PC 类虚拟现实终端和移动类虚拟现实终端。基于 PC 主机平台的虚拟现实终端的运算性能主要由 PC 主机的性能决定，而基于移动平台虚拟现实终端的性能主要由移动设备的性能决定。由于当前 PC 主机计算性能相比移动手机更强大，而且其性能提升的扩展性也更强，因此基于 PC 主机平台的虚拟现实设备的性能明显更高，内容开发的细节更逼真、更细腻，交互形式也更丰富。相比之下，基于移动平台包括手机和一体机的移动虚拟现实终端性能相对较低，内容开发限制较多，体验效果相对偏弱。

基于 PC 主机的虚拟现实终端和移动平台的虚拟现实终端

二、基于 PC 主机平台的 VR 终端设备发展现状

本章第一节已经讲过，基于虚拟现实终端设备的发展主要涉及四大核心技术——虚拟现实显示技术、虚拟现实计算技术、虚拟现实交互技术和虚拟现实通信技术。在虚拟现实计算技术领域，基于 PC 主机平台的虚拟现实的核心图形计算主要由 PC 主机的图形计算芯片来决定，因此这类头显设备并不涉及图形计算技术环节。由于基于 PC 主机平台的 VR 终端使用数据连接到主机上进行直连通信，它们也不涉及通信技术问题。也就是说，基于 PC 主机平台的 VR 终端的核心性能指标只剩下了显示技术和交互技术两部分。此外，对于穿戴式 VR 产品来说，穿戴的舒适度也是重要的考量标准。因此，在下面的 PC 主机端 VR 终端发展情况信息中，我们主要从显示技术、交互技术和体验舒适度三个技术领域进行说明。由于上市时间和价格在产业中的位置具有重要意义，如上市时间越早，技术研发可能越前沿，价格越低用户消费空间可能越大，等等，我们也进行了统计。下面，我们来看看 2012—2019 年间全球一线基于 PC 主机包括游戏主机的 VR 终端的发展情况，如下表所示。

表 2-1　基于 PC 端（主机端）的 VR 终端发展情况（2012—2019 年）

产品名称	厂家及上市日期	外形	显示	交互及追踪技术	体验	价格
Oculus DK1	Oculus，2012 年 9 月		单眼 640×800 双眼 1280×800	鼠标、键盘、手柄	模糊，颗粒感强	399 美元
Oculus DK2	Oculus，2014 年 7 月		单眼 960×1080 双眼 1920×1080	鼠标、键盘、手柄	颗粒感强，不够清晰	399 美元
HTC Vive	HTC，2016 年 4 月		单眼 1080×1200 双眼 2160×1200 刷新率 90Hz 视角 100 度	Room Scale 房型空间 4×4 米体感追踪	清晰，轻微颗粒感	799 美元，688 元人民币
Oculus Rift CV1	Oculus，2016 年 3—8 月		单眼 1080×1200 双眼 2160×1200 刷新率 90Hz 视角 110 度	小空间体感追踪、控制器	清晰，轻微颗粒感	599—798 美元

续表

Sony Play Station VR	Sony，2016 年 10 月		单眼 1080×1080 双眼 1920×1080 刷新率 120Hz 视角 100 度	小空间体感追踪、控制器	清晰，轻微颗粒感	399 美元，2999 元人民币
HTC Vive Pro	HTC，2018 年 4 月		单眼 1440×1600 双眼 2880×1600 刷新率 90Hz 视角 100 度	Steam 2.0，6×6 米较大空间体感追踪	清晰度高，极轻微颗粒感	1399 美元，11888 元人民币
HP Reverb	HP 与联想合作，2019 年 4 月		单眼 2160×2160 双眼 4320×2160 刷新率 90Hz 视角 114 度	"内向外定位跟踪"技术	清晰度很高，基本没有颗粒感	649 美元，约 4200 元人民币
Pimax 8K	小派科技，2019 年 3 月		单眼 3840×2160 双眼 7680×2160 刷新率 75Hz 视角 200 度	Steam 2.0，6×6 米较大空间体感追踪	清晰度很高，基本没有颗粒感	999 美元，7699 元人民币

从表 2-1 中，可以看到当前基于 PC 主机包括游戏主机的高端虚拟现实硬件终端的发展过程，其发展的主要依据之一——显示屏分辨率表现为四个阶段。第一阶段，Oculus DK1 和 DK2 的低分辨率阶段，显示屏分辨率为双眼 1280×800 和双眼 1920×1080 阶段，这一阶段的 VR 显示屏分辨率低，体验视觉模糊，颗粒感强。第二阶段，当显示屏分辨率发展到 2160×1200 的基本清晰阶段，VR 显示分辨率有所提高，体验视觉较清晰，但依然存在轻微颗粒感，代表产品为 Oculus Rift CV1 等。第三阶段，当显示屏分辨率发展到 2880×1600 的清晰阶段，VR 显示分辨率继续提高，相较之前已经更加清晰，但存在极轻微颗粒感，代表产品 HTC Vive Pro。第四阶段，显示屏分辨率在 4K 及 4K 以上的 VR 终端，如 HP Reverb，其单眼分辨率为 2160×2160，双眼分辨率高达 4320×2160，这时体验视觉清晰度已经很高，基本没有颗粒感。当 VR 头显设备显示屏分辨率达到 4K 时，基本能够较好地满足 VR 体验中对清晰度的需求。

显示屏分辨率再继续提升对于用户体验已经不能带来显著的变化，相反会增加对计算机图形计算能力的需求，如果硬件性能不够反而会降低体验效果。

此外，我们还可以从人机交互和追踪定位的方式上对基于 PC 主机的虚拟现实终端进行分类。第一阶段是以 PC 键盘、鼠标和游戏手柄控制和初级的定位阶段，以 Oculus DK1 和 Oculus DK2 为代表。第二阶段是以外置光学定位基站为依托，6 自由度手柄和 6 自由度头显定位阶段，以 HTC Vive、Oculus Rift CV1 和 Sony PlayStation VR 为代表。第三阶段是以内向外定位跟踪技术为依托，6 自由度手柄和头显精准定位阶段，以 HP Reverb 为代表。

三、基于移动平台的 VR 终端设备发展现状

自 2014 年 3 月谷歌推出 Card Board 以来，基于移动平台的 VR 终端经历了插入手机和不使用手机的两个阶段。第一阶段本质上是 VR 壳阶段，即 VR 移动终端本质是一个 VR 机器壳。这种壳从没有任何科技功能植入的 Google Card Board 的纸壳版本，发展到具有一定软硬件科技含量的三星 Gear VR、Google Day Dream VR。这个阶段的 VR 移动终端主要提供了一个可装载手机的 VR 显示透镜和控制平台，它本身没有计算和显示功能，需要自己额外插入一个能与之匹配的智能手机，并安装相关应用后才能进行 VR 体验。所插入手机的芯片计算性能和手机分辨率决定了 VR 体验的整体效果。第二阶段是 VR 一体机阶段即拥有完整的 VR 功能，不需要插入手机就可以独立地体验。这个阶段是将类似手机的计算和显示系统置入一体式 VR 设备中，配合操作手柄可以进行高沉浸感的交互内容体验。在目前国际一线一体机 VR 终端中，Vive Focus、Oculus Go、Oculus Quest 就是典型的代表，其中 Oculus Quest 的性能较为优秀。VR 一体机自带的显示屏、计算芯片及追踪交互技术决定了体验水平。下表为基于移动端的 VR 终端发展情况，显示了从 2014 年 3 月 Google Card Board 上市到 2019 年 Oculus Quest 上市，全球主流 VR 移动终端的基本情况。

表 2-2　基于移动端的 VR 终端发展情况（2014—2019 年）

产品名称	厂家及上市日期	外形	显示	芯片	交互及追踪技术	体验	价格
Google Card Board	Google，2014 年 3 月		分辨率由手机分辨率定，刷新率低	手机芯片性能决定	3 自由度定位，手柄交互	有 VR 效果，但效果不太好	15 美元
三星 Gear VR	三星、Oculus，2014 年 12 月		分辨率由手机分辨率决定，刷新率低	手机芯片性能决定	3 自由度定位，手柄交互	有 VR 效果，体验效果较好	129 美元
Google Day Dream	Google，2016 年 11 月		分辨率由手机分辨率定，刷新率低	手机芯片性能决定	3 自由度定位，手柄交互	体验效果较好	159 美元
Pico Neo	小鸟看看科技，2017 年 12 月		分辨率：2880×1600，刷新率：90Hz，视场角：101 度	高通 Qual-comm® 骁龙™ 835 芯片	World-Scale 6 自由度大空间追踪技术	体验较好，但头盔偏重，手柄有偏移	5299 元人民币
HTC Vive Focus	HTC Vive，2017 年 12 月		3K AMOLED，分辨率：2880×1600，刷新率：75 Hz，视场角：110 度	高通 Qual-comm® 骁龙™ 835 芯片	World-Scale 6 自由度大空间追踪技术	体验好，但头盔偏重，手柄有偏移	3999—4299 元人民币，仅中国大陆
Oculus Go	Oculus，2018 年 5 月		538ppi，2560×1440 WQHD LED 显示器，刷新率：60—75 Hz，视场角：110 度	高通 Qual-comm® 骁龙™ 821 芯片	3 自由度定位，手柄交互	体验好	199 美元
Oculus Quest	Oculus，2019 年第一季度		3K AMOLED，分辨率：2880×1600，刷新率：75Hz，视场角：110 度	高通 Qualco-mm® 骁龙™ 835 芯片	超大空间定位，6 自由度追踪技术	体验很好，大空间定位及体感控制精准	399 美元

从表 2-2 中 VR 移动终端的整体体验效果来看，分为三个不同的发展阶段。第一阶段是需要插入的壳式移动 VR，以 Google Card Board 为开始，以 Google Day Dream 为高峰。这个阶段的移动 VR 体验相对较差。第二阶段是一体式 VR 设备的初级阶段，以 Oculus Go 为代表。这个阶段的 VR 一体式设备体验效果较好，但约束大、自由度低。第三阶段是 VR 一体式设备的进化阶段，以 Oculus Quest 为代表。这个阶段的 VR 一体式设备拥有较高性能和较大的自由度，用户能够获得比较自由的沉浸式体验。

VR 一体式设备的核心组件是移动芯片，该领域正在快速发展。2018 年 5 月，高通宣布了新一代骁龙 XR 系列芯片 XR1，目标是希望助推 VR 一体机更好的发展，同时以更高的性价比向用户推出更高质量的 VR 设备。骁龙 XR1 具备专门的场景识别和人工智能处理模块，能够更好地实现虚拟现实沉浸式体验。目前，骁龙 XR1 芯片比骁龙 845 处理器的性能更高。未来，更高性能的 XR 芯片持续出现将推动 VR 一体式设备性能快速提升。

四、PC 端（主机端）和移动端具有代表性的 VR 终端技术特征

1. PC 端（主机端）具有代表性的 VR 终端 HTC Vive Pro

2018 年 4 月 5 日，HTC 生产的 PC 端 VR 头显 Vive Pro 在全球同步上市，中国售价 11888 元人民币（约 1728 美元），美国售价 1399 美元。无线套件 3076 元人民币（约 447 美元），美国售价 359 美元。

HTC Vive Pro

相比 Oculus Rift Cv1 和 Sony PlayStation VR，HTC Vive Pro 拥有高分辨率、大空间交互、无线和耳机内置等特点。HTC Vive Pro 双眼分辨率为 3K（2880×1600），两个各 3.5 英寸 AMOLED 屏，分辨率提高到 2880×1600（单眼 1400×1600），比当前 HTC Vive 的 2160×1200（单眼 1080×1200）分辨率提高了 78%。这个分辨率将有助于更清晰的文字渲染和图形显示，也拉开了和竞争对手 Oculus Rift 或 Windows MR 头显间的差距，刷新率为 90 Hz，视场角为 110 度。HTC 还重新设计了 Vive Pro 的头盔，增加了内置耳机。HTC Vive Pro 的头盔包括一个尺寸调节盘，并基于人体工程学设计，平衡了头显的重量分布。第一代 Vive 头盔难以调整、头感重等问题得到显著改善，Vive Pro 佩戴非常舒适和方便。HTC Vive Pro 增加了两个前置摄像头及双麦克风，还可以将 4 个基站进行链接，进而获得更大的追踪范围和更高的追踪精度。追踪范围从早期的 4.5×4.5 米增加到 10×10 米。此外，HTC Vive Pro 还研发了全新的无线套件。该套件使用英特尔 WiGig 技术，可以在无干扰的 60GHz 频段更高效地工作，以获得更低的延迟与更高的性能，进而带来更好的 VR 体验效果。

佩戴无线套件自由体验 HTC Vive Pro 的宣传海报

　　HTC Vive Pro 的突出优势在于清晰度的提升和佩戴舒适度的改善。追踪范围扩展至 10×10 米也是一个极为重要的进步，使 100 平方米的大空间 VR 体验得以实现。那些动辄几十万甚至上百万的昂贵大空间 VR 体验必然被替代。

大空间 VR 体验

HTC Vive Pro 也存在不足，如价格问题。HTC Vive Pro 的售价为人民币
11888 元，HTC Vive Pro 无线套件售价为人民币 3076 元。如果普通用户从头开
始搭建 VR 体验，还需要配置一台高性能电脑，其售价约人民币 12000 元，附
加一套基站支架，价格约人民币 350 元，总计约人民币 27314 元。即便不配
置无线套件，也需要约人民币 24238 元。可见，这样的投入对于新人而言门槛
很高。

2. 移动端具有代表性的 VR 终端 Oculus Quest 技术特征

2018 年 9 月 27 日，在 Oculus Connect 5 开发者大会上，Facebook 首席执行
官扎克伯格高调宣布其首款高端 VR 一体机 Oculus Quest 将于 2019 年春季上市，
售价 399 美元。参会者可以现场感受 Oculus Quest 带来的全新体验。Oculus
Quest 将当前 PC 端（主机端）和移动端 VR 的核心功能融于一体，在一个轻便
的一体机中就能实现 3K（2880×1600）分辨率、6 自由度追踪、数百平方米的
大空间中自由体验 VR，更重要的是价格非常亲民，非常有利于吸引大众以低
成本和极便捷的方式进入虚拟现实世界。

Facebook 首席执行官扎克伯格发布 Oculus Quest

Oculus Quest 的特点，用扎克伯格自己的话来讲，"三点体验非常重要：
一是独立一体，无需任何其他设备，能够随时带走且不用被线缆困扰；二是能
够在 VR 中感受到你的双手；三是能够体验 6 自由度的空间交互。Oculus Quest
可以方便地实现这些功能。"Oculus Quest 可以轻松带领体验者走向无 PC、无
线和无外部传感器的大门。Oculus Quest 提供 6 自由度交互，并搭配了 Oculus

Touch 控制器。

Oculus Quest 的突破性技术 Oculus Insight 带来了内向外定位、导护系统和 Oculus Touch 控制器定位追踪，允许用户随时随地进入虚拟现实世界。创新性系统 Oculus Insight 采用了 4 个超宽视角传感器、计算机视觉算法来实时追踪用户的准确位置，而无须任何外部传感器，提供了极佳的沉浸感、临场感、移动性，以及超越房型尺度的大空间行走能力。导护系统能确保在体验过程处于安全之中。Oculus Touch 控制器可以带来真实手部体验，轻松自然地与周围世界进行交互。通过提供搭配 Oculus Touch 控制器的 Oculus Quest 设备，开发者可以将 Oculus Rift 游戏快速转换到 Oculus Quest 平台。

Oculus Quest 采用高通骁龙 835 处理器，Oculus 高质量光学系统，双眼分辨率 3200×1440，同时提供了透镜调节的空间以确保更高的视觉舒适性。Oculus Quest 还进一步改善了内建音频系统，可获得更高质量、更加沉浸的低音效果。扎克伯格表示，Quest 的推出完成了 Oculus 第一代 VR 头显系列产品阵营，即 Oculus Rift、Oculus Go 和 Oculus Quest。Oculus Go 定位于简易实惠的入门级 VR 体验方式，Oculus Rift 定位于高端极限的 VR 体验方式，Oculus Quest 则介于两者之间，将带领更多人走进虚拟现实世界。

高质量的 Oculus Quest 以超低价位、超高体验和超大空间定位，将成为移动 VR 的新标杆。更低的入门门槛和更好的体验必然会吸引更多的人进入虚拟现实领域并获得更好的体验，进而更广泛地推动虚拟现实走向大众消费。

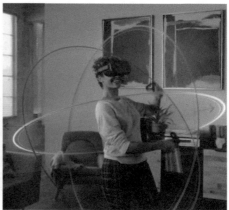

Oculus Quest 6 自由度控制

Oculus Quest 超大空间，多人组队联网对战

我们相信，由于 Oculus 有实力雄厚的 Facebook 当家人扎克伯格的全力推动，虚拟现实科技将持续稳定发展。对于未来虚拟现实社交志在必得的扎克伯格而言，高性价比的 Oculus Quest 对于推进虚拟现实的大众化普及，增进虚拟现实社交应用的广泛发展至关重要。同时，Oculus Quest 对全球虚拟现实产业发展而言，也具有划时代的意义。它在高水平移动 VR 体验和平价消费方面起到了极为重要的行业推动作用。

五、2015—2019 年全球一线 AR/MR 硬件终端技术发展情况

1. AR/MR 领域的主流终端 HoloLens、Magic Leap One 与 HoloLens 2

虚拟现实除了 VR，还有 AR 增强现实与 MR 混合现实两个重要领域。微软于 2016 年 3 月上市的 HoloLens 与 Magic Leap 在 2018 年 8 月上市的 Magic Leap One 是 AR/MR 的代表。微软作为全球计算机科技实力的巨鳄所带来的产品 HoloLens 与全球虚拟现实领域获得最多融资的 Magic Leap 所研发的 Magic Leap One，两者显然有不同之处。其中，Magic Leap 与其他 AR/MR 和 VR 的不同之处在于其采用全新的光场与光波导结合的显示技术。2019 年 3 月，微软发布了第二代 HoloLens 平台，在计算、显示与交互方面都有了较大的提升，尤其在交互方面达到史无前例十指触摸精准交互的水平。下表是 HoloLens、Magic Leap One 与 HoloLens 2 的关键技术和性能对比。

表 2-3　AR/MR 终端 HoloLens 与 Magic Leap One

	HoloLens	Magic Leap One	HoloLens 2
厂家	微软	Magic Leap	微软
上市时间	2016 年 3 月	2018 年 8 月	2019 年 3 月
售价	4999 美元	2295 美元	3500 美元
设备类型	AR/MR	AR/MR	AR/MR
外观			
硬件配置	处理器：英特尔 Atom x5-Z8100，主频 1.04 GHz，英特尔 Airmont（14 纳米技术），4 个逻辑处理器，支持 64 位系统；GPU/HPU：HoloLens Graphics GPU 厂商 ID：8086h（英特尔）	处理器：英伟达 Tegra X2 多核处理器，具体包含了一个四核 ARM A57 CPU，一个双核 Denver 2 CPU，基于一个 NVIDIA Pascal 的 GPU，以及 256 个 CUDA 核心图形技术芯片	处理器：骁龙 850 处理器，800 万像素前置摄像头，整个设备可以进行六角度的全方位跟踪
显示方式	光波导全息透镜，显示质量高	动态聚焦＋光场，光波导"光子芯片（photonics chip）"，光线通过 AR 头显内置的波导片，波导片将光线引向人眼，创造一个光场的数字模拟，视觉效果清晰生动	激光与微机电系统（MEMS）显示器，分辨率单眼 2K、双眼 4K，每度 47 像素的全息密度，显示质量高
FOV 视场	水平视场角为 30 度，垂直角度为 17.5 度，16∶9 的宽高比，视场偏小	水平视场角为 40 度，垂直视场值为 30 度，对角线值为 50 度，4∶3 的宽高比，视场更大，可视面积比 HoloLens 增加约 45%	视场角 43 度 ×29 度，为 HoloLens 的 30 度 ×17.5 度可视面积的 2.4 倍，比 Magic Leap One 水平视场略宽
显示质量	显示清晰度极高	显示清晰度极高，清晰生动	显示清晰度极高，清晰生动

交互方式	手势、语音、空间扫描	手柄、空间扫描	十指触摸精准定位，语音，空间扫描
计算显示融合	计算、显示、控制融合一体	计算、显示、控制分离	计算、显示、控制融合一体
空间场景建模	三角形网格线框，细节定位相对模糊，难以绘制黑色表面	映射大量的立方体空间区域块，空间扫描细节定位比HoloLens精准，难以绘制黑色表面	三角形网格线框，细节定位清晰、准确、高效
跟踪和空间位置锁定	深度相机空间扫描，高频刷新下跟踪用户的位置，提供的60fps输入定位精准	深度相机空间扫描，定位存在轻微漂移，质量与ARKit和ARCore相当	800万像素前置摄像头，整个设备可以进行6角度的全方位跟踪，高灵敏度十指触摸识别，语音，空间扫描
整体体验效果	显示范围小，手势控制准确度偶尔有误差，头戴设备较重，难以长时间使用	视场比HoloLens更大，光场显示清晰生动，头戴较轻，佩戴舒适，空间扫描细节建模比HoloLens精准，定位存在轻微漂移	显示范围与Magic Leap One相当，光场显示清晰生动，头戴较轻，佩戴舒适，空间扫描细节建模精度高，手指触碰定位精度高
可体验内容	较多	较少	较多

通过表2-3中对HoloLens与Magic Leap One相关技术和性能对比可以发现，Magic Leap One比HoloLens推向市场迟约两年半，其核心芯片运算性能优势突出。Magic Leap One创新性空间扫描精度更高，光场显示更生动自然，头戴设备更轻便，佩戴体验更舒适，视场显著加大，视野更宽。HoloLens由于强大的微软技术支撑，有近两年半的先发优势，在空间定位、语音交互、手势交互及内容量方面拥有突出的技术优势。Magic Leap作为一家全新的初创公司，首次研发的Magic Leap One就拥有能够与微软这样的超级巨鳄一争高下的革命性产品，甚至在部分领域有所超越，其实力已经相当惊人。而HoloLens 2在继承了上一代版本优势的基础上，在计算、显示和交互方面都有了显著的提升。在人机交互方面，HoloLens 2十指触摸精准交互将引领未来AR、VR的新标准，让人们可以在很大程度上去伸手触摸甚至把握虚拟世界的对象，让人机交互提升到全新的高度。

HoloLens 与 Magic Leap One 佩戴效果对比

2. AR/MR 领域的潜在力量 Meta 2

在 AR/MR 领域，除了 HoloLens 与 Magic Leap One 外，还有一个较强大的潜在力量——Meta 2。Meta 2 是美国 Meta 公司开发的一种高性价比 AR 头显。

Meta 2 佩戴效果

Meta 2 具有 90 度视场角，这一参数远超微软 HoloLens（30 度）和 Magic Leap One（40 度），其分辨率为 2560×1440，也超过 HoloLens 和 Magic Leap One。但是，Meta 2 的售价仅为 949 美元，不到 HoloLens 的三分之一。Meta 2 还拥有比 HoloLens 更精准的手势识别，并允许多只手同步识别。

Meta 2 在进行双手抓取物件精准识别

与 HoloLens 和 Magic Leap One 相比，Meta 2 也有其明显的短项，如块头较大、应用内容少、需要外接电脑等。Meta 2 外接电脑配置要求较高，CPU 要求 Intel Core i7 以上，显卡要求 NVIDIA GTX 960 以上，内存要求 8GB 以上。此外，Meta 2 的研发商 Meta 公司还存在致命的问题——初创企业，没有充足的资金，后续产品更新迟缓。有关 Meta 公司及相关产品新闻主要出现在 2017 年底，其后鲜有报道。最近的报道是在 2018 年 9 月，该公司因资金短缺，目前三分之二的员工处于休假状态。

3. AR/MR 头显原型机 Leap Motion "北极星"

Leap Motion 是一家美国体感控制器制造公司。Leap Motion 控制器可以高精度追踪人的手指，追踪精度可以高达 0.01 毫米。2018 年 4 月，Leap Motion 推出 AR 头显开源平台 "北极星" 及 AR 头显原型。该 AR 头显原型采用了两块分辨率 1600×1440 的 Fast-LCD 显示屏（中国生产），具备 120Hz 的刷新率和 100 度的视场角，并搭配了 Leap Motion 的 180°×180° FOV 的 150fps 手部跟踪传感器。Leap Motion 官方信息显示，"北极星" 头显若只保留基础设备和极简的设计，量产后的产品价格可低至不到 100 美元。

Leap Motion "北极星" AR 头显原型

4. 微软划时代的 AR/MR 终端 HoloLens 2

2019 年 2 月 25 日，微软在巴塞罗那举行的世界移动通信大会（Mobile World Congress，简称 MWC）上正式发布了划时代的 AR/MR 终端 HoloLens 2

平台。该平台首次实现大空间高精度触摸虚拟世界，并与之完全自然交互。人们可以虚实融合地进行精准的手术，可以十指精准地弹钢琴。

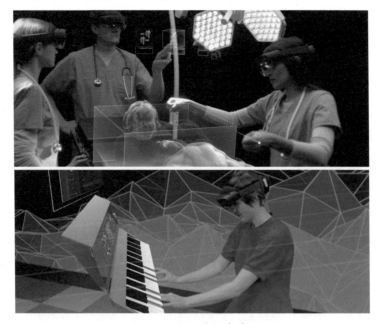

HoloLens 2 交互方式

第三章 虚拟现实发展趋势

虚拟现实终端与移动终端的发展具有较高的相似性，通过移动终端的发展可以看到一些虚拟现实终端的未来发展趋势。

第一节 从手机终端发展历程中找到虚拟现实终端发展的基本规律

自 1973 年美国摩托罗拉总设计师马丁·库珀（Marty Cooper）团队研制出世界上第一部民用"便携式移动电话"以来，移动电话终端（又称手机终端）已经发展了近 50 年。在这近 50 年的时间里，手机终端经历了"萌芽—行业应用—大众普及—产业爆发"的完整发展历程。由于技术平台、受众群体及应用模式具有较高的相似性，手机终端的发展历程对于虚拟现实终端的未来发展进程具有参考价值。我们对手机终端的发展历程进行深入分析，并试图从中找到一些可能对未来虚拟现实终端发展规律的预测。手机终端的发展进程包含以下四个阶段：第一阶段，从座机电话到手机的基本功能进化阶段；第二阶段，技术成熟后的行业应用阶段；第三阶段，大众时尚消费的普及阶段；第四阶段，智能手机终端推动生态链产业爆发阶段。

1. 从座机电话到手机的基本功能进化阶段

电话的核心功能是通信，手机终端的任务是在满足基本通信功能的基础上从固定座机电话向便携式移动电话的发展。移动电话功能经历了两个阶段：第一阶段是工业级移动通信功能实现阶段，第二阶段是民用级移动通信功能实现阶段。

　　工业级移动通信功能实现阶段主要是指将移动通信设备研发到能够基本满足工业级应用的阶段。这个阶段的主要任务是基本解决了移动通信问题，但设备比较庞大，成本比较高昂，只有执行重要的户外工程或极端环境下考察项目的大型企业级单位才能进行采购和使用。下图显示了两种工业级移动通信设备，左图为1958年苏联沃罗涅日通信科学研究所研制出全球第一套移动电话通信系统"阿尔泰"，右图为极端环境下使用的无线公用载波（RCC）通信设备。

移动电话通信系统"阿尔泰"与无线公用载波（RCC）通信设备

　　民用级移动通信功能实现阶段，主要是科技发展至将移动通信设备小型化到能够适合民用的阶段。1973年4月，摩托罗拉总设计师马丁·库珀与其团队研制出世界上第一部"便携式移动电话"。下图显示的便是第一代便携式移动通信设备——摩托罗拉手机。

第一代便携式移动通信设备——摩托罗拉手机

第一代手机待机时间为 8 小时左右，通话时间不能超过 30 分钟，市场价格在 4000 美元左右。这个价格对于普通民众来讲太过昂贵，只有精英阶层才有条件购买使用。

2. 技术成熟后的行业应用阶段

随着移动通信科技的发展，更多的厂商进入手机研发领域，出现了诺基亚、爱立信、西门子等手机厂商，更加小型化和更低价格的新一代手机逐步出现。下图显示了小型化后的第二代手机摩托罗拉 8900、爱立信 GH398 和诺基亚 6110。1995 年，世界上第一款翻盖手机摩托罗拉 8900 上市。同年，爱立信 GH398 上市。三年后，第一款内置游戏的手机诺基亚 6110 上市。该款手机内置三款游戏，其中"贪吃蛇"游戏一直流传至今。第二代手机典型的外观特点是都有一条凸起的外置天线。

小型化后的第二代手机：摩托罗拉 8900、爱立信 GH398 和诺基亚 6110

与第一代手机相比，第二代手机的尺寸显著变小，非常便于携带。但是，由于手机的普及程度有限，价格也相对较高，第二代手机的用户主要集中在精英群体和商务人士。即便这样，各类型手机专卖店也开始在各大商场出现，手机用户日渐增加。

3. 大众时尚消费的普及阶段

随着移动通信科技的发展，手机生产成本日渐降低，直到普通百姓都消费的时候，手机终于成为大众消费产品。彩屏手机出现后，手机价格持续降低使普通百姓也可以购买手机。1998 年，西门子推出了全球第一部彩屏手机 S10，屏幕能显示四种颜色——红色、绿色、蓝色和白色。但手机还是与上一代尺寸相当，价格也比较高。下图左显示的是西门子 S10 手机。2001 年，索尼与爱立信联合成立索尼 - 爱立信公司，随即推出了第一款跨时代的产品 T68i，这是全球第一款面向普通消费者的彩屏手机，价格相对较低，256 色 STN 彩色屏幕，101×80 像素。下图中间显示的是索尼爱立信 T68i 手机。下图右显示的是诺基亚 3100 手机。2002 年，诺基亚也推出了第一款彩屏时尚手机，型号为 3100，屏幕分辨率只有 128×128 像素。诺基亚 3100 以更低的价格、更方便的使用使时尚小巧便携的手机向大众普及开来，手机开始步入大众消费的阶段。

彩屏手机：西门子 S10、索尼爱立信 T68i、诺基亚 3100

　　以诺基亚 3100 为代表的物美价廉的手机上市后，越来越多的人开始购买手机。人们发现手机使用起来确实给生活带来很大的便利，他们可以在任何时候跟自己希望交流的人进行通话。逐渐地，一些年轻人的家庭因为有了手机就不再安装座机，手机逐步取代座机，开始真正地普及。

　　随着手机的普及，苹果 iPhone1 让手机变成了时尚消费产品。2007 年 1 月 9 日，苹果发布了第一款时尚大屏的智能手机 iPhone。iPhone 手机的发布标志着手机变成了时尚消费产品。相比此前的手机，iPhone 手机最大的特点是时尚化、智能化、多功能化。拍照、定位、上网等一系列全新的功能在手机上出现，这些远远超出了电话通信的功能，一台微型的移动小电脑开始出现。时尚、前卫、智能化的 iPhone 手机推向市场后，全世界首次将手机提升到时尚消费的程度，iPhone 成为时尚精英阶层的标签。

　　下图从左向右依次显示的是 iPhone 第一代智能手机、三星第一代智能手机

Samsung Black Jack 和黑莓 Black Berry 手机。

智能手机：iPhone1、三星 Samsung Black Jack 和黑莓 Black Berry

4. 智能手机终端推动生态链产业爆发阶段

2010 年 6 月 7 日，iPhone 4 正式发布。此后在上市 3 天内销售 170 万部，不到 9 个月销售 3700 万部。iPhone 4 成为智能手机终端持续发展后推动移动互联网生态链爆发的划时代产品。从此以后，基于苹果 iOS 系统的 App Store、谷歌 Android 系统的 Google Play 等移动互联网应用商店平台的手机移动化互联网产业生态链开始爆发，手机移动互联网快速发展直至远远超越 PC 互联网，成为全球信息产业的中心。微信出现并日渐取代 QQ 成为中国乃至全球用户规模最大的社交平台，腾讯因此独占鳌头。手机支付出现并快速普及让人们生活从未如此方便，滴滴打车、专车、共享单车让出行从未如此便捷，衣、食、住、行尽在掌握。下图从左向右依次是 iPhone 4、iPhone X 和华为 5G 折叠屏手机。

iPhone 4、iPhone X 和 5G 华为折叠屏手机

通过总结手机的发展过程，我们可以发现手机发展的意义。手机发展的第一阶段满足了从座机电话到手机移动通信的基本功能，包括工业级移动通信功能和民用级移动通信功能两种类别。第二代手机日渐小型便携，但由于手机普及程度有限，价格相对较高，用户主要集中在精英群体和商务人士，商场各类手机专卖店推动了手机的科普。紧随其后的是第三代手机价格降低到大众消费水平，手机开始普及起来，人们发现手机确实给生活带来很多便利，手机的价值得以真正体现。此后，时尚、智能的 iPhone 一经上市就成为精英阶层的标签，手机上升为时尚产品，成为年轻人必备。智能手机终端的持续发展推动移动互联网生态链爆发，手机从衣、食、住、行各方面改变了人们的生活。

此时，我们再次面对第一代摩托罗拉大哥大手机能想到什么，能想到它们竟如此巨大地改变我们的生活方式吗？带着同样的思考和疑问，我们面对 HTC Vive VR 设备，能想到它们未来将改变我们的生活吗？

摩托罗拉手机和 HTC Vive VR 头戴设备

第二节　虚拟现实终端的发展进程

从科技发展、信息通信、移动互联及它们相对于人们的关系而言，虚拟现实终端的发展与应用趋势总体上与手机具有较高的相似性，对比手机的发展进程，我们可以相对清晰地分析和预见虚拟现实终端当前和未来的发展路径。我们也可以借鉴手机的发展进程将虚拟现实终端的发展分为四个阶段：第一阶段是基本功能进化阶段；第二阶段是技术成熟后的行业应用阶段，包括工业级应用阶段和民用级应用阶段；第三阶段是大众时尚消费的普及阶段；第四阶段是整合虚拟终端推动产业生态链爆发阶段。目前，虚拟现实终端还处于第一阶段的基本功能进化阶段，即将进入第二阶段。第二阶段、第三阶段和第四阶段需要我们根据虚拟现实及周边科技的发展趋势进行预测。

一、虚拟现实 VR 代表性产品 Oculus 的发展历程

对于虚拟现实设备而言，最早可以追溯到 20 世纪 50 年代，但是我们这里要探讨的是 21 世纪最新的以大众化消费为目标的虚拟现实终端。其中，Oculus、微软及其研发的虚拟现实头戴设备一直是行业的引领者。下面我们将以 Oculus 系列 VR 设备和 HoloLens 系列 AR/MR 设备为研究对象去梳理虚拟现实头戴设备技术的发展历程。

截至 2019 年 4 月，Oculus 头戴设备经历了 Oculus DK1、Oculus DK2、Oculus Rift CV1、Oculus Go、Oculus Quest 等阶段。其中，Oculus DK1、Oculus DK2、Oculus Rift CV1 是基于电脑主机的虚拟现实头戴设备，而 Oculus Go 和 Oculus Quest 是一体化的头戴设备。可以看到，当前的虚拟现实设备是从与电脑主机连接的有线方式向独立无线的一体化发展。下面我们分别深入了解一下 Oculus 各阶段虚拟现实终端的详细技术情况。

1. 基于电脑主机的 VR 头戴设备

（1）第一代产品 Oculus DK1

2012 年 9 月，Oculus 研发的第一台面向大众的虚拟现实头戴设备 Oculus DK1 上市。Oculus DK1 需要与电脑主机进行连接，通过连接电脑的鼠标、键盘或者游戏手柄进行简单的交互控制。该设备的双眼分辨率 1280×800，单眼可视分辨率仅 640×800。由于分辨率很低，体验者会有非常明显的纱窗颗粒感。Oculus DK1 的视场角 110 度，但是透镜边缘畸变严重，边缘模糊感很强，视觉残留感较明显。此外，Oculus DK1 不具备位置追踪功能。

Oculus DK1

（2）第二代产品 Oculus DK2

2014 年 7 月，Oculus 研发的第二代头显 Oculus DK2 上市。该设备主要在三方面进行了技术革新：显示技术、低视觉残留技术、新增位置跟踪技术。在显示技术方面，Oculus DK2 采用了全新的 OLED（Organic Light-Emitting Diode，有机电激发光显示）技术，将双眼显示分辨率提升到 1920×1080，实现了更低的能耗和更高的显示质量；采用全新的低视觉残留技术优化了显示流畅度，降低了运动画面的眩晕感；采用了全新的位置跟踪技术，让体验者可以在虚拟时空中旋转和移动。Oculus DK2 研发了全新的光学位置追踪系统，通过一个红外感应摄像头，监测 DK2 头盔内置的红外发光二极管，从而实现对用户头部旋转和平移的六轴向感知跟踪，首次实现了虚拟现实对体验者空间位置的感知。Oculus DK2 的刷新率为 75Hz，交互方式为与电脑连接的鼠标、键盘、手柄及运动跟踪的注视点定位。

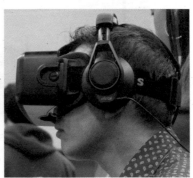

Oculus DK2

（3）第三代产品 Oculus Rift CV1

2016 年 3 月，Oculus 研发的 Oculus Rift CV1 上市。这是一款具有划时代意义的虚拟现实产品，也是在 Oculus 获得 Facebook 20 亿美元的投资后，用两年时间专注研发并推向市场的第一款产品——第一款真正意义上的大众化 VR 头显。此前面市的 Oculus DK1 和 Oculus DK2 中的 DK 是 Development Kit（开发工具包）的缩写，它们的受众主要为虚拟现实内容开发厂商和爱好者；而 Oculus Rift CV1 的 CV1 是 Consumer Vision 1（消费者版本第一代）的缩写。

与前两代产品相比，Oculus Rift CV1 的提升主要体现在显示技术提升、头显与手柄双 6 自由度跟踪技术及显著提升的用户体验。在显示技术方面，

Oculus Rift CV1 分辨率达到了 2160×1200，刷新率 90Hz，像素密度 456PPI，视场角 110 度，显示清晰度得到明显提升。头显与手柄双 6 自由度跟踪技术使 Oculus Rift CV1 的用户在限定的空间中行走，与虚拟世界对象进行自由的体感交互，进而获得一种真正的身临其境的沉浸式交互体验。Oculus Rift CV1 通过设备外形设计、佩戴舒适度优化、追踪空间和手势交互手柄等方面的改进显著提升了用户的虚拟现实体验效果。相比前两代设备，Oculus Rift CV1 拥有更简洁美观的外形、更舒适的佩戴设计、一体化配套的耳机、舒适的控制手柄等，多方位提升了消费者的体验舒适度。下图显示了完整的 Oculus Rift CV1 套件。图中两侧的支架支撑的是红外追踪定位摄影镜头，向内分别是左、右手控制手柄，中间是头戴显示设备。

Oculus Rift CV1 套件

体验者在使用 Oculus Rift CV1

2016 年，更多面对消费者的虚拟现实设备陆续面市，如 HTC Vive、Sony PlayStation VR 等。它们与 Oculus Rift CV1 共同组成一股强大的虚拟现实中坚力量，推动虚拟现实产业向前发展，推动了虚拟现实元年的到来。

2. 一体化 VR 头戴设备

一体化 VR 头戴设备是指不需要外接电脑就能独立运行的移动式 VR 设备。如果把之前分析过的手机产业发展拿来做比较，基于电脑的 VR 设备如同家里的座机电话，而一体化 VR 头戴设备如同可以随意移动的手机。手机之于座机电话的意义，基本可以对应于一体化 VR 头戴设备之于基于电脑的 VR 设备的意义。显然，一体化虚拟现实头戴设备（简称 VR 一体机）将是未来发展的必然。

此外，就目前行业发展的整体情况来讲，VR 一体机还有其更直接的当下意义，其中最突出的是 VR 一体机能够更好地推动 VR 的大众化消费。大众化消费是未来虚拟现实发展的趋势，VR 一体机之所以能更好地推动大众化消费主要有两个原因。第一，VR 一体机能够极大地降低消费者的进入门槛，让更多的人使用 VR 设备。因为 VR 一体机不再需要价格昂贵的高性能主机，消费者以较低的价格就可以购买一体机并获得较好的体验。第二，VR 一体机能够更方便地使用，让消费无处不在。无处不在的消费必然使虚拟现实产业生态链催生出更多的应用场景，大众化消费将由此而扩展。

既然 VR 一体机如此重要，Oculus 在 VR 一体机方面又做了些什么呢？他们在虚拟现实未来的发展过程中将产生什么样的意义呢？下面，我们来看看 Oculus 在 VR 一体机方面的研发情况。

（1）Oculus Go

2018 年 5 月，Oculus 向市场推出了第一款 VR 一体机 Oculus Go。该设备拥有比 Oculus Rift CV1 更高的显示分辨率和像素密度，更舒适的佩戴体验感，更便携的自由体验方式，以及更低的价格。Oculus Go 一经上市就成为大众消费的首选产品，很快就大幅度提升了 Oculus 的用户数量。

下面，我们来看看 Oculus Go 的技术参数。Oculus Go 显示模块的双眼分辨率 2560×1440，像素密度 538PPI，总体视感清晰度比 Oculus Rift CV1 有明显提升。Oculus Go 显示刷新率为 60—75 Hz，视场角 110 度，3 自由度头盔和手柄追踪。下图显示了 Oculus Go 产品和用户的使用效果。在价格方面，Oculus Rift CV1 全套组件上市之初的总体价格在 799 美元左右，后期逐步降价至 399 美元，而 Oculus Go 的上市价格为 199 美元。可见，无论从体验方面还是价格方面，Oculus Go 的大众化发展目标是显而易见的。

Oculus Go

需要补充说明的是，高性价比的 Oculus Go 也不是完美的，与基于电脑平台的 Oculus Rift CV1 相比，也有其弱项。比如，移动终端的图像处理能力显然达不到电脑主机高性能显卡的水平，因此 Oculus Rift CV1 的性能更好。此外，Oculus Go 只有头显手柄 3 自由度追踪能力，而 Oculus Rift CV1 拥有头显手柄双 6 自由度追踪能力。综合而言，Oculus Rift CV1 的高端体验更加优秀，Oculus Go 的高性价比中低端大众消费更为凸显。

（2）Oculus Quest

2018 年 9 月 28 日，在 Facebook Oculus Connect 5 项目大会上，扎克伯格在主题演讲中发布了 Oculus 首款头显手柄双 6 自由度 VR 一体机 Oculus Quest。该产品于 2019 年 5 月 21 日上市。与前面的产品相比，Oculus Quest 拥有一系列前所未有的科技，这些科技支撑它成为划时代的虚拟现实标杆产品。

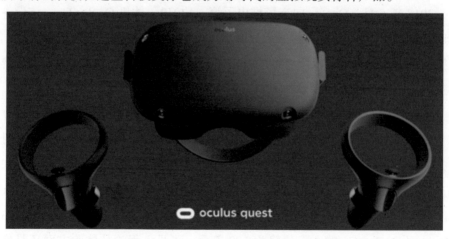

Oculus Quest

Oculus Quest 革命性的技术亮点主要体现在以下六个方面：

第一，内向外跟踪定位技术。Oculus Quest 强大的内向外跟踪技术（Inside-out）允许超大开间头显手柄双 6 自由度跟踪。这项技术给用户带来的大空间自由体验远远超越任何一款 VR 设备，包括 Oculus Rift CV1 和 HTC Vive。

Oculus Quest 的内向外跟踪技术与多人大空间体验效果

第二，高分辨率显示技术。高分辨率显示技术带来更高的显示分辨率和沉浸式体验效果。Oculus Quest 采用 3K AMOLED 显示屏，显示分辨率高达 2880×1600，超过了 Oculus Go 和 Oculus Rift CV1，刷新率 75 Hz，视场角 110 度。

第三，跨平台融合技术。Oculus Quest 拥有一套不对称共同定位（Asymmetric Co-location）的技术，暂且把它称为跨平台融合技术。这项技术支撑用户手持 iPad 等设备访问其他联网玩家相同的空间地图，并浏览玩家实时看到的内容。这意味着 VR 和非 VR 游戏玩家不仅可以在同一款游戏中合作，而且能够为线下 VR 设置及 VR 电竞提供支持。此外，这项技术也将帮助那些无法获得 VR 设备的手机用户方便地进入虚拟现实世界，与对手进行合作，进而推动虚拟现实终端的跨平台融合发展。

手持 iPad 访问其他联网玩家相同的空间地图

第四，广播功能。广播功能（Casting）允许 Oculus Quest 将体验者在虚拟现实世界中感知的内容向附近的电视或智能手机进行广播发送，让周围的朋友也一起体验虚拟世界。同时，体验者还可以将体验的内容进行视频录制，然后在社交网络分享给世界各地的朋友和观众。

Oculus Quest 向大屏幕电视无线投送 VR 体验内容

第五，便捷的 VR/MR 混合现实功能。Oculus Quest 具有便捷的 VR/MR 混合现实功能，允许用户在虚拟空间与真实空间进行便捷的转换，让体验者在真实与虚拟之间随意穿梭。

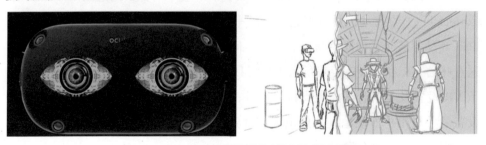

Oculus Quest 可以便捷切换 VR/MR 混合现实

第六，自然手势交互功能。Oculus Quest 具备基于 Leap Motion 平台的高精度手指关节模型及动态识别功能，使 Oculus Quest 可以摆脱手柄的束缚，让人们直接伸手去触摸、抓取虚拟世界，进而实现自然手势交互功能。

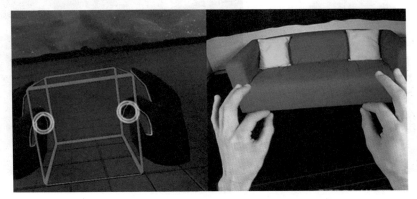

自然手势交互

二、虚拟现实 AR/MR 代表产品 HoloLens 的发展历程

AR/MR 是虚拟现实设备发展的一个分支。与 VR 设备相比，AR/MR 更加侧重于增强现实与混合现实，即通过该设备主要实现的是在真实世界环境基础上的叠加。HoloLens 是 AR/MR 领域最具代表性的产品，我们通过对 HoloLens 系列头戴设备的分析可以了解到虚拟现实 AR/MR 领域的发展情况。由于虚拟现实是 VR、AR、MR 的综合体，VR、AR、MR 技术相互间有密切的相关性与融合性。因此，它们各自领域的科技发展都能作为虚拟现实设备整体发展进程和未来发展趋势的考量因素。

1. 微软第一代 AR/MR 产品 HoloLens

2015 年 1 月 22 日，微软发布了全球第一款虚拟现实 AR/MR 终端 HoloLens。HoloLens 是一款史无前例的划时代产品。它不需要连接电脑，没有线缆和听筒，却具有全息成像、高清镜头、立体声、手势控制、声音指令等强大功能，可以让体验者看到、听到和触摸到虚拟全息世界。HoloLens 使用 14 纳米技术主频 1.04 GHz 的英特尔 Atom x5-Z8100 处理器，64 位系统。光波导全息透镜显示清晰度极高，但视场角偏小，水平视场角为 30 度，垂直角度为 17.5 度。采用手势、语音交互技术，可对一定范围的空间进行扫描和较精准的定位。下图显示了微软第一款虚拟现实 AR/MR 终端 HoloLens 及其使用效果。

HoloLens

2. 微软第二代 AR/MR 产品 HoloLens 2

基于微软的强大研发能力和持续不懈的努力，微软于 2019 年 3 月发布了第二代 AR/MR 终端 HoloLens 2。HoloLens 2 相比上一代研发了更多强大的科技，能够给用户带来更舒适的佩戴感受和更高质量的体验效果。下图显示了微软第二代 AR/MR 产品 HoloLens 2 及其使用效果。从中可以看到，该设备更加轻便，使用起来更加自由。

HoloLens 2

相比第一代产品，HoloLens 2 具有显著的移动图像处理芯片性能，6 自由度大空间定位跟踪，高识别度的精准十指动态识别，以及更高分辨率显示和更开阔的视场角。HoloLens 2 采用了骁龙 850 处理器，在性能上甚至比 Oculus

Quest 提升两个代差。HoloLens 2 采用激光与微机电系统（MEMS）显示器，双眼分辨率高达 4K，视场角 43 度 ×29 度，比 HoloLens 可视面积增加 2.4 倍，平均每度 47 像素的全息显示密度。800 万像素前置摄像头及深度识别设备，可实现 6 自由度全方位跟踪、大空间扫描及高灵敏度的十指动态识别。HoloLens 2 还具备强大的语音识别、大空间自动建模和精准定位功能。HoloLens 2 又新增眼球追踪功能，支持实时眼球追踪和注视点渲染，可实时与虚拟物体进行交互，而且具备虹膜扫描功能，直接与 Windows Hello 结合实现开机登录和个人账户登录等功能。除了性能上增幅巨大，HoloLens 2 比第一代的重量也明显降低，整体尺寸缩小，佩戴舒适度显著提高。此外，HoloLens 2 的定位不再是单一的硬件终端，而是结合云服务、Dynamics 365（微软新一代云端智能商业应用）和 AI（人工智能）技术的整体解决方案综合终端平台。

在 HoloLens 2 的市场定位方面，微软继承上一代设备的经验，将市场重点关注在行业应用领域。他们认为 HoloLens 2 具备较成熟的行业应用功能和使用效果，能够高质高效地满足各行业的特定需求。2019 年 2 月，Trimble 发布了基于 HoloLens 2 定制的 Trimble XR10 安全帽。Trimble 是以 GPS 技术而享誉业内的全球知名工业设备供应商。基于 HoloLens 2 定制的 Trimble XR10 是一款专门为建筑现场施工人员设计的新型高科技安全帽解决方案。它能够帮助一线工作人员在工地现场进行高精准度的复杂虚拟建筑 3D 结构数据进行交互，以引导工作人员更加准确和高效的施工。"这是为一线工作人员提供的完整解决方案，提供了更丰富的 3D 模型，现场广泛部署混合现实技术，提高工作效率和工作质量，并积极推动日常工作（如装配和检查）的优化。"这是 Trimble 对 Trimble XR10 的官方解释。目前，该设备已经着手向市场展开广泛的推广。下图显示了基于 HoloLens 2 定制的 Trimble XR10 及在工地现场的应用。

Trimble XR10 及在工地现场的应用

三、Oculus VR 与微软 HoloLens AR/MR 定义了虚拟现实的发展轨迹

通过前面对 Oculus 系列 VR 设备与微软系列 HoloLens AR/MR 设备的发展过程进行深入分析，我们可以总结出虚拟现实的发展进程及未来的发展趋势。

1. 基本功能进化阶段的虚拟现实

Oculus Rift CV1 定义了基本功能进化阶段的虚拟现实，同期的代表产品还有 HTC Vive、Sony PlayStation VR。

Oculus Rift CV1、HTC Vive 和 Sony PlayStation VR

2. 行业应用阶段的虚拟现实

Oculus Quest 定义了行业应用阶段的虚拟现实，同期的产品还有 HoloLens 2。

Oculus Quest 与 HoloLens 2

基于当前的 Oculus Quest 和 HoloLens 2 所呈现出来的基本技术现状和未来发展趋势，我们可以较准确地预见不久的将来虚拟现实具有的技术特征：穿戴

基本舒适的轻便无线一体设备；无眩晕的高帧率、低延迟的舒适体验；拥有双眼 4K 或以上的高清晰度显示，基本无视网颗粒感；内向外大空间定位技术，实现自由空间行走；高环境感知的虚实融合技术，允许用户自由虚实转换，VR、AR、MR 融为一体；高精度十指跟踪自然手势交互功能，让用户可以伸手触摸虚拟世界；高准确度的语音指令及语音语意识别功能，让语音输入成为常态；PC、手机、虚拟现实终端跨平台融合技术，实现 VR 与电脑和手机的无缝沟通。

鉴于当前 Oculus Quest 和 HoloLens 2 已经具备以上大部分功能，相信在不久的将来，也很有可能就在下一代终端出现后，我们就能体验到具备以上全部甚至更多、更强大功能的虚拟现实设备。

目前，Oculus Quest 与 HoloLens 2 的唯一缺憾就是作为一体机设备，其便携式运算模块在性能方面相比台式电脑存在明显的差距，其运算性能远比不上同期的电脑主机及其配置的高性能 GPU 显卡。这一问题将随 5G 的出现迎刃而解。5G 技术、云计算技术、大数据技术和人工智能技术将推动虚拟现实一步步迈上更高的台阶。

5G 技术将解决虚拟现实内容丰富化、通信即时化和设备小型化的问题。高性能的 5G 网络以每秒超过 2G 的超高传输速度，不高于 10 毫秒的低延迟，向虚拟现实终端进行数据传输，即时传输的 8K/3D 高清虚拟现实内容得以实现。而这样的体验效果将超过当前 90% 的电脑主机。由于实现高速数据传输，虚拟现实自身的运算模块得以解脱。当终端的高性能计算芯片去掉之后，模块面积显著缩小，整个虚拟现实终端的体积也随之缩小，虚拟现实设备像真正的眼镜一样轻薄变为可能。设备的核心将专注在显示和交互模块上。

云计算技术解决的是虚拟现实高性能运算的问题。5G 技术使得虚拟现实终端与云计算服务器高速相连，随着高性能云端计算的接入，虚拟现实终端随之变成超级计算平台。前面所讲到的虚拟现实最后一块短板得以补齐。当 5G 技术与云计算技术应用到虚拟现实终端的时候，就是虚拟现实行业应用开始普及的时候。下图显示的是小型化后的虚拟现实苹果概念终端 T288 与 Intel 推出的智能眼镜 Vaunt。

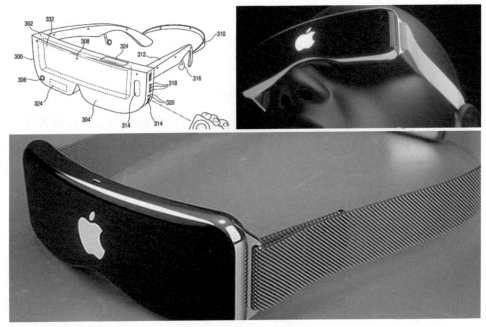

苹果 T288 设计和想象图

Intel 智能眼镜 Vaunt

3. 大众时尚消费阶段的虚拟现实

当 5G 技术与云计算技术充分地、广泛地应用到虚拟现实终端的时候，虚拟现实大众消费的时代就到来了。此后不久，一款类似 iPhone 之于手机的前沿、时尚、科技感十足的虚拟现实设备发布，虚拟现实时尚消费的时代到来。此时，虚拟现实大众、时尚消费全面铺开，虚拟现实得以广泛普及。下图显示的是高通虚拟现实概念眼镜。

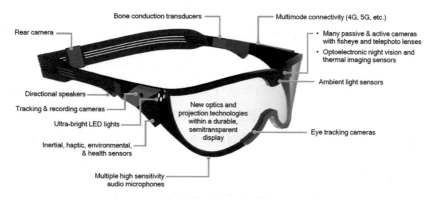

高通虚拟现实概念眼镜

4. 生态链产业爆发阶段的虚拟现实

当大数据与人工智能充分地应用到虚拟现实终端的时候，虚拟现实将与各行各业互联互通。就如同手机具备了支付宝和微信支付的功能一样，虚拟现实的行业应用将无所不在，围绕着虚拟现实技术的各行业产业链将呈现出爆炸式发展的积极态势。

第三节　未来的虚拟现实

虚拟现实的未来将会怎么样？虚拟现实将是未来媒介发展的必然趋势。未来的虚拟现实将成为超级体验终端、超级计算终端、超级人机互动终端、超级社交终端及超级智能应用终端。未来的虚拟现实将人的感知无限延伸。

一、虚拟现实是未来媒介发展的必然

加拿大著名媒介理论家马歇尔·麦克卢汉（Marshall McLuhan）曾提出：媒介即人的延伸。从技术的角度讲，媒介的本质是拓展人的机能，让人能感知或控制更多原本遥不可及的领域。媒介的能力越强大，其拓展人的机能就越强大，人能感知或控制的领域也就越宽广。与其对应的是，当人在使用媒介拓展自己机能的时候，人在该领域的机能也会自然而然地加快衰退，进而产生一种对该媒介日渐加深的依赖。当人对某一媒介的依赖越多，该媒介的市场应用空间必然越广泛。简而言之，媒介能力越强大，对人的影响越深入，人对其依赖越强烈，其市场应用空间越广阔，在信息科技领域表现得越先进。

虚拟现实是一种史无前例的革命性新兴媒介，其便携式穿戴、身临其境的沉浸式体验、与5G和云计算链接的超大内容库、与云计算平台链接的超级计算能力、眼球追踪手势跟踪语音识别等自然交互、对环境的智能扫描识别、基于大数据与人工智能的超级社交及智能应用……以上林林总总，使得虚拟现实具有远超以往所有媒介形态的综合性强大科技支撑。这些科技将巨大地拓展人的机能，让人们能感知和控制的领域得到空前的拓展。

下图显示了"纸质媒介—电影/电视—PC电脑互联网—手机移动互联网—未来虚拟现实人机互联"的发展进程。

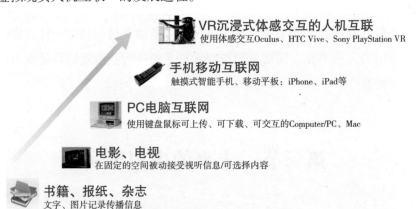

VR沉浸式体感交互的人机互联
使用体感交互Oculus、HTC Vive、Sony PlayStation VR

手机移动互联网
触摸式智能手机、移动平板：iPhone、iPad等

PC电脑互联网
使用键盘鼠标可上传、可下载、可交互的Computer/PC、Mac

电影、电视
在固定的空间被动接受视听信息/可选择内容

书籍、报纸、杂志
文字、图片记录传播信息

纸质媒介—电影/电视—PC电脑互联网—手机移动互联网—未来虚拟现实人机互联

二、虚拟现实未来将成为超级体验终端

从体验的角度来讲，未来虚拟现实有两个突出的特点：便携式穿戴和沉浸式交互体验。

便携式穿戴是指虚拟现实能够像眼镜一样方便地戴在身上。与传统媒介相比，虚拟现实便携式穿戴的特点使其拥有更便捷和广泛的使用场景，真正达到随时随地的程度。传统媒介的图书、杂志需要我们用手拿着，需要在光照充足的环境下阅读。电影、电视及 PC 电脑不具备移动性，只能在固定空间使用。移动电脑也需要在特定条件下使用，如可使用电脑的空间等。手机是当今使用最便捷的设备，但依然需要一只手拿着、另一只手操作。虚拟现实便携式穿戴的特点则彻底将人从以上必需的负担中解脱出来。

便携式穿戴设备使用效果

沉浸式交互体验是指虚拟现实能够让人们完全沉浸式进入不同的时空，身临其境地去体验虚拟现实世界，并与其进行自由互动，如同完全进入了另一个世界。这种完全沉浸式的交互体验效果从体验的角度来讲，远远超越当前我们所能体验到的沉浸式的媒介形态——IMAX 3D 电影、球幕电影等。这种沉浸式的身临其境和自然地与虚拟对象的交互体验将为用户带来史无前例的革命性冲击，让人们从传统的平板的二维屏幕画面进入了三维时空。如果我们希望了解一个地方，如巴黎圣母院，传统媒介的形态是让您查看一张照片或一段视频，虚拟现实的形态是让您接近亲身在巴黎圣母院里行走和触摸。这种身临其境的体验与照片或视频相比会有什么样的区别，就是虚拟现实沉浸式交互体验的价值和意义所在。下图显示的是使用虚拟现实设备身临其境地进入不同时空，左图为火星表面，右图为群山之巅。

使用虚拟现实设备身临其境地进入不同时空

如果前面的描述不是特别直观，我们还可以进行类比，未来的一台虚拟现实设备将大于等于"一部最便携的手机加一个最好的 IMAX 3D 电影院，再加一台性能最高的游戏主机，而这套超级设备未来可能只需要 1000 元人民币"。

三、虚拟现实未来将成为超级计算终端

随着科技的发展，虚拟现实未来将成为超级计算终端。前面已经讲到，随着虚拟现实技术与 5G 通信技术的发展，虚拟现实终端将陆续与 5G 通信进行链接。当 5G 链接到大规模的云计算平台后，云计算平台的超级技术能力将瞬间赋能给虚拟现实终端，使得虚拟现实设备具备了云计算平台的运算性能，而这个性能是目前任何强大的个人电脑都无法匹敌的。虚拟现实蜕变成为超级计算终端，所有高性能的游戏都将在虚拟现实设备中流畅运行。2019 年 3 月，Google 在 GDC 大会上推出的全新云平台就已经证实了这一点。下图显示的是虚拟现实终端通过 5G 技术与云计算平台进行链接，进而获得云计算服务器的强大计算能力。

虚拟现实终端通过 5G 技术与云计算平台链接

四、虚拟现实未来将成为超级人机互动终端

信息科技持续发展，人机交互技术日新月异，他们将合力推动虚拟现实未来朝着超级人机互动终端的方向发展。从图书到电影、电视，到电脑、手机，再到今天的虚拟现实，科技的进步推动着媒介输入输出技术持续发展。人们与媒介之间的输入输出形式水平直接影响了媒介内容的丰富程度和消费层次。输

入输出形式越丰富，媒介的内容越丰富，其应用就越广泛，产生的价值也越巨大。在纸质媒体平台，只允许作者输入，人们只能看书上的文字和图片；在电影平台，导演可以用动态视频和声音讲述故事，人们可以获得更丰富的视听内容，电影的传播也更快更远；在PC电脑互联网平台，作者可以输入文字、图片、视频甚至交互媒体内容，用户可以在消费的同时发表意见，网民首次发出了自己的声音，也提升了参与媒介的主动性；在手机移动互联网时代，人们可以随时随地发布文字、图片、视频及交互内容，信息网络内容空前繁荣，移动互联网产业链呈爆发式增长；在虚拟现实时代，相对于手机输入输出，虚拟现实的人机互动科技获得前所未有的突破，人们对于内容的创造和发布从2D屏幕进入3D时空时代，眼球追踪、手势识别、语音识别、超大空间定位、虚实融合等一系列全新科技使得虚拟现实拥有接近真实世界的自然交互方式，这使虚拟现实朝着成为超级人机互动终端方向发展。

五、虚拟现实未来将成为超级社交终端

随着数字信息技术的发展，无论在PC电脑互联网平台还是在手机移动互联网平台，网络社交都是极为重要的信息沟通交流形态，同时也是推动信息产业大众发展的重要方式。在中国乃至全球的科技企业中，社交平台企业占据着举足轻重的地位。美国的Facebook、中国的腾讯（QQ、微信）、韩国互联网集团的日本子公司NHN Japan（Line）都是典型案例。那么，未来虚拟现实在社交平台会有什么样的呈现呢？

试想一下在传统手机平台上人们使用微信交流的方式——文字、图片、语音、视频，而虚拟现实时代人们之间如何交流？眼神交流、表情交流、手势交流、身体姿态交流，当然也能够文字交流、语音交流、图片交流、视频交流，更重要的是如同真实世界一样面对面地自然交流。想象一下，对方真实地坐在对面，与你面对面地聊天，并从口袋里掏出一个礼物；你可以伸手接过礼物，佩戴在身上，然后站起来走到对方的身后，为对方戴上一款项链……一切真实生活中可以发生的事情、可以进行的交互方式都可能在虚拟现实时空中近乎真实地呈现出来。你可以与万里之外的女朋友一起去商场购物，帮她试穿一件漂亮的衣服；你也可以带着她一起去电影院看电影，一起去博物馆参观，一起去名胜古

迹游览，等等。随着越来越多近乎自然的人机交互方式在虚拟现实中得以实现，人们使用这些自然交互方式就可能进行更加丰富、更加深入、更加密切的交流，人与人之间的距离缩短，人与虚拟现实之间的关联也将变得更加密切、更加融合，虚拟现实将逐步成为超级社交终端。

六、虚拟现实未来将成为超级应用终端

社交是聚合人流的关键平台，当人们通过社交平台交流变得自然且可能分离之后，基于社交平台的各类消费将呈现爆发式增长，满足这些消费的应用应运而生并走向繁荣。微信及各类应用就是典型例子，如微信平台的游戏、购物、旅游、酒店、美食、娱乐等，衣食住行无所不在。

虚拟现实平台将会有些什么样的应用？事实上，随着虚拟现实技术的逐步发展和未来的日渐成熟，传统 PC 电脑和手机平台上的所有应用都有可能转换到更为强大且日渐普及的虚拟现实平台。人们日常生活不可或缺的浏览网络新闻、聊天、看电影、追电视剧等都可能转换到未来的虚拟现实平台。我们在学校学习时教师使用的电脑和投影仪未来将成为虚拟现实形态。我们做作业、查资料、写文章所用的电脑也将成为虚拟现实形态。除了这些在传统 PC 电脑和手机平台上已经出现的应用以外，由于虚拟现实拥有更多人机交互方式和更加身临其境的体验场景，虚拟现实产生了更多传统平台，没有革新性应用形态。比如，在虚拟现实时代，丰富的人机交互和身临其境的体验使得教育、电商、医疗、工业、军事等能够以传统方式无法比拟的沉浸式体验方式得到空前的呈现。虚拟现实将无所不在，它将成为名副其实的超级应用终端。

虚拟现实在航空模拟、战士训练、教育、医疗、购物等领域的应用案例

七、虚拟现实未来将人的感知无限延伸

媒介即人的延伸，虚拟现实作为一种革命性的媒介形态将极大地延伸人的感知。未来，当虚拟现实与大数据、人工智能、云计算及未来的脑科学等领域逐步结合后，人的感知将得以无限延伸。当这些科技再与物联网科技进行无缝虚实结合之后，这种无限延伸的感知将变成无所不能的执行。

第四章　虚拟现实商业生态圈

第一节　虚拟现实商业生态圈

一、商业生态圈

商业活动的利益相关者为了实现共同利益目标，贡献自己拥有的资源，相互支撑建立一个相对完整的价值链平台。通过平台带动更多的参与者贡献其能力，让基于这个平台的生态系统发展繁荣。这个繁荣的平台能够吸引更广泛的消费者，进而逐步创造日渐增大的价值。在平台建设者、贡献者与消费者共同参与下，使得这一系统能够相互维系，共同生存、发展并创造持续增长的价值，并从中分享利益。这就是商业生态圈。

与生物生态圈相比，商业生态圈有很多相似之处：首先是共享，系统生态利益共享，商业各环节共生、共赢、整体发展；其次是竞争，自然规律的优胜劣汰，弱肉强食的收购吞并，甚至不排除非正当竞争、非主流及怪异现象的存在，竞争伴随着进化。

对于商业生态圈的分析，带给我们的启示在于：让我们从全局的高度审视整个商业生态圈的发展，对其进行系统、全面、深入的认识，并结合自己的特点进行准确的定位，找到自己的优势和立足点，在这个充满生机又危机四伏的生态圈中立于不败之地。

二、虚拟现实商业生态圈

虚拟现实商业生态圈是指在以虚拟现实技术为核心的产业系统中，虚拟现实产业利益相关者为了实现共同利益目标，贡献自己拥有的资源，相互支撑建立一个相对完整的虚拟现实价值链平台。通过该平台带动更多的虚拟现实参与者贡献其能力，让基于这个虚拟现实平台的生态系统发展繁荣，以吸引更广泛的虚拟现实消费者，进而逐步创造日渐增大的虚拟现实产业价值，并从中分享利益。

虚拟现实商业生态圈的发展分为两个典型的阶段：共享阶段和竞争阶段。虚拟现实产业发展初期的主流是共享。为了推动生态圈的发展和繁荣，参与者需要进行系统生态利益共享，包括各环节共生、共赢、整体发展。只有各参与环节共同努力助推虚拟现实生态圈发展到一定的繁荣程度，让足够多的消费者参与其中并带来持续增长的价值后，虚拟现实生态圈建设参与者才可能从中真正地获取利益。当虚拟现实产业发展到一定经济规模后，生态圈发展的主流变成了竞争。这种竞争可能是多种形态共存的，其中包括自然规律的优胜劣汰、弱肉强食的收购吞并，甚至非正当竞争、非主流及怪异现象的存在。虚拟现实商业生态圈会在这些竞争过程中生长、进化，最终形成一个相对固定的产业结构和产业生态。

三、虚拟现实商业生态圈的构成

虚拟现实商业生态圈主要由五大部分构成：硬件开发商、内容运营商、内容开发商、基础建设服务商和消费者。

硬件开发商是指虚拟现实头戴设备的开发厂商。他们的主要任务在于开发虚拟现实头戴硬件设备，搭建产业最基础的硬件平台。他们的目标在于搭建了一个能够更好地运行虚拟现实世界的硬件平台，让消费者能够通过这些硬件设备进入虚拟现实世界。

内容运营商是指在虚拟现实设备上聚合、展示并销售各类型虚拟现实应用内容的平台性厂商。他们的功能就如同现实世界中可以提供和展示各种商品的购物商场。他们的目标是帮助内容开发商销售产品。

内容开发商是指专门针对虚拟现实世界开发各种应用内容、各种应用服务的内容产品开发厂商。他们的核心目标是服务于消费者。

基础建设服务商主要是指为虚拟现实产业提供基础建设服务的厂商。在未来的 5G、云计算、大数据和人工智能时代，基础建设服务商包括 5G 网络建设运营商、云计算服务商、大数据提供商、人工智能技术平台商等。他们的功能在于为虚拟现实世界提供基础设施建设，如修建高速公路、提供通信服务、提供数据资源等使其更流畅舒适的运行。他们的目标是服务于整个虚拟现实系统。

消费者是虚拟现实世界终极的服务对象。当消费者从平台获得优质的虚拟现实服务，并且愿意为这些服务买单的时候，虚拟现实生态圈就良性运转起来。虚拟现实产品消费者越多，代表虚拟现实生态圈越繁荣。虚拟现实消费者分为企业级消费者和大众消费者两种主要类型。

第二节　虚拟现实硬件开发商

目前，虚拟现实硬件设备主要有 VR 设备和 AR/MR 设备，下面主要介绍 VR 设备和 AR/MR 设备相关硬件厂商。

一、VR 头显设备开发商

在全球 VR 终端开发商中，Oculus、HTC Vive、Sony 是最具代表性的 VR 头显设备开发商。微软开发了 WMR 标准，与多家硬件厂商联合开发出系列 WMR 头戴设备。此外，中国也有 Pico、大朋、3Glass 等硬件开发商。

1. Oculus VR

美国 Oculus 公司成立于 2012 年，是全球最早研发针对大众消费级、低价格 VR 头显设备的厂家。2012 年，Oculus 在美国众筹网站 kickstarter 筹资 250 万美元进行第一代 VR 头显设备开发。2012 年 9 月，Oculus 发售全球第一台面向大众的 VR 头显设备 Oculus DK1。2013 年 6 月，Oculus 宣布完成 A 轮 1600 万美元融资，由经纬创投领投。2014 年 7 月，Oculus 上市了第二代 VR 头显设备 Oculus DK2。当月，Facebook 宣布以 20 亿美元的价格收购 Oculus。这一事件成为当今虚拟现实产业发展的引爆点。此后 Sony、HTC Vive 纷纷全力以赴地加入虚拟现实设备的研发。下图显示的是 Oculus 研发的第一代和第二代 VR

头显设备 Oculus DK1 和 Oculus DK2。

Oculus DK1 和 Oculus DK2

　　下图显示的是 Oculus 后续研发的完整产品线：Oculus Rift CV1、Oculus Go 和 Oculus Quest。其中 Oculus Rift CV1 是基于 PC 主机的 VR 头显设备，Oculus Go 是第一代移动一体机设备，Oculus Quest 是第二代移动一体机设备。其中 Oculus Go 由 Oculus 与中国小米公司联合研发。

Oculus Rift CV1、Oculus Go 和 Oculus Quest

　　下图显示的是 Oculus 于 2019 年 3 月发布的 Oculus Rift CV1 升级版 Oculus Rift S。该设备由 Oculus 与中国联想公司联合研发。

Oculus Rift CV1 升级版 Oculus Rift S

2. HTC Vive VR

2014 年，HTC 着手与 Valve 联合开发 VR 头显设备，并于 2015 年 3 月在 MWC2015 上发布 HTC Vive VR。2016 年 4 月，HTC Vive 大众消费版正式上市。HTC Vive 在全球首次定义了完整意义上的沉浸式交互虚拟现实体验系统。其中，Room Scale 房型空间头显、手柄双 6 自由度精准定位系统成为引领潮流的代表，后续 Oculus VR 和 Sony PlayStation VR 争相效仿。2017 年 12 月，HTC Vive 推出一体机 Vive Focus；2018 年 4 月，HTC Vive 推出 HTC Vive 的升级版 HTC Vive Pro；2019 年 1 月，HTC Vive 推出 HTC Vive Cosmos 双 6 自由度一体机。下图显示的是 HTC Vive 研发两款基于 PC 主机平台的 VR 头显设备 HTC Vive 和升级版 HTC Vive Pro。

HTC Vive 和升级版 HTC Vive Pro

下图显示的是 HTC Vive 研发的两款移动式 VR 一体机 Vive Focus 和 Vive Cosmos。

HTC Vive 的 VR 一体机 Vive Focus 和 Vive Cosmos

3. Sony PlayStation VR

Sony 是一家视听、电子游戏、通信产品和信息技术等领域集成的公司。

2015 年 9 月，Sony 发布了 PlayStation VR。PlayStation VR 依托于 Sony 游戏机平台 PlayStation，该平台拥有 20 多年的游戏运营经验和大量传统游戏资源。PlayStation VR 被认为是先天具有游戏基因的平台，因此其卖点是游戏性。

下图显示的是基于 Sony PlayStation 4 主机平台的 Sony PlayStation VR 头显设备、深度摄像头和控制手柄。

Sony PlayStation VR

下图显示的是 Sony 在 GDC2019 公布的基于 PlayStation 5 主机平台的 Sony PlayStation VR 2 概念头显设备。

Sony PlayStation VR 2

4. 微软 MR

2017 年 9 月，微软携近十家 OEM 厂商进军 VR 头显领域。微软 Windows MR 头显设备以高分辨率、inside-out 定位、性价比高而著称，它的上市也为原有的 PC 虚拟现实硬件市场带来了一定的冲击，为推动虚拟现实科技的发展发挥了作用。比如微软 Windows MR 头显设备 HP Reverb 成为 2019 年首款上市的双眼分辨率为 4320×2160 的高质量头显。

微软在 VR/AR 方面的动作远不止于此。从硬件到内容，再到生态的布局，微软一步一个脚印，正在有条不紊地推进中。比如从 HoloLens 到 HoloLens 2，微软已经持续成为 AR/MR 领域的领头羊。2017 年 10 月，微软正式发布了 Windows 10 Fall Creators Update，此次更新对于 MR 来说十分重要。微软希望此次更新能通过 MR 技术从根本上改善人们创作、交流和娱乐的方式。因为通过 Windows 10 中内置的 Mixed Reality Viewer，用户可直接看到 3D 立体物体。Windows 10 成为微软在 MR 领域发展道路上迈出的重要一步。

为了让用户获得更好的沉浸式 MR 体验，微软联合宏碁、惠普、联想、戴尔、华硕等 OEM 厂商在 2017 年德国柏林国际消费电子展（International Funkausstellung Berlin，简称 IFA）上对外展出他们的 Windows MR 头显设备。从 2017 年下半年起，宏碁、惠普、三星、3Glasses 就先后发布了 Windows MR 头显设备，价格从 299 美元到 499 美元不等。根据微软官方公布的参数，Windows MR 头显设备的单眼分辨率 1440×1440，视场角 95 度，刷新率 90Hz，内置音频和麦克风支持，可通过单条 HDMI 2.0 和 USB 3.0 数据线连接到 Windows 10 电脑。最重要的是，Windows MR 头显设备采用微软自带的 inside-out 跟踪技术，即用头显前方的两颗摄像头来进行定位。

众多 OEM 厂商与微软联合开发的 Windows MR 头显设备

2019 年 3 月 21 日，惠普正式推出新款 Windows VR 头显设备 HP Reverb。HP Reverb 单眼分辨率为 2160×2160，采用了双 2.89 英寸显示器和非球面透镜，仅分辨率方面就比 HTC Vive Pro、三星 Odyssey 高出不少。另外，HP Reverb 拥有 114 度的视野范围。在功能方面，HP Reverb 消费版的标准配备包括眼镜、麦克风、头戴及可换洗的棉垫。它还内置了蓝牙，所以控制器可以毫不费力地直接与眼镜配对，无须通过 PC 上的蓝牙。HP Reverb 不仅 100% 兼容 Windows VR 商店，而且兼容 Steam VR，这就使它有不少丰富的内容可以体验。这款 VR 头显设备于 2019 年 4 月正式销售，消费者版本售价为 599 美元。

HP Reverb

5. 中国 VR 头显设备代表性研发商

（1）深圳虚拟现实科技有限公司

3Glasses 系列产品是由深圳虚拟现实科技有限公司研发的 VR 头显设备。2015 年 1 月发布第一款产品 3Glasses。此后陆续研发上市 3Glasses 蓝珀 S1，以及与微软 MR 联合开发的 3Glasses 蓝珀 S2 MR 头显设备。2019 年 4 月发布超薄 VR 眼镜 3Glasses X1。

下图显示的是深圳虚拟现实科技有限公司 3Glasses 开发的第一代产品 3Glasses 和第二代产品 3Glasses 蓝珀 S1。

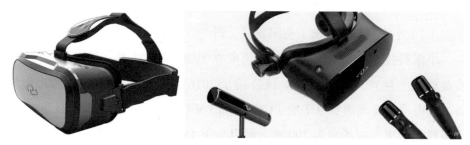

3Glasses 和 3Glasses 蓝珀 S1

下图显示的是深圳虚拟现实科技有限公司 3Glasses 开发的第三代产品 3Glasses 蓝珀 S2。由于该产品采用微软 MR 软件平台及原型追踪控制系统，产品的整体体验基本达到了微软所制定的国际应用标准。

3Glasses 蓝珀 S2

下图显示的是 3Glasses 于 2019 年 4 月发布的超薄 VR 眼镜 3Glasses X1。该设备被称为全世界最轻薄的 VR 终端。

3Glasses X1

（2）小派科技（上海）有限责任公司

小派科技（上海）有限责任公司成立于 2015 年 11 月，是一家专注于 VR 头显研发与生产的硬件厂商。该公司于 2016 年推出全球首款 4K VR 头显设备，获得当年亚洲消费电子展（CES Asia）VR 产品奖。在 CES Asia 2017 上，小派科技展出了视场角为 200 度、延迟小于 18 毫秒的 8K VR 头显设备。同年 11 月，小派 8K 在 Kickstarter 进行众筹，获得 4236618 美元的众筹款，在所有 Kickstarter 项目中排名第 24，位于 VR 领域之首。随后的一年，小派科技对 8K VR 头显设备进行持续迭代优化。2018 年 12 月，小派科技宣布 8K、5K VR 头显设备公开发售。

下图显示的是小派科技 Pimax 4K Series VR 头显设备。

Pimax 4K Series

下图显示的是小派科技 Pimax 5K Plus VR 头显设备。Pimax 8K 设备外观与 Pimax 5K Plus 基本一致，是目前全球范围公开发售分辨率最高的 VR 头显设备。

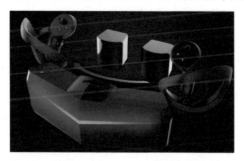

Pimax 5K Plus（Pimax 8K 外观与其一致）

（3）上海乐相科技有限公司

上海乐相科技有限公司是一家以技术驱动的产品公司，业务领域包括虚拟现实终端研发、虚拟现实内容平台建设及企业级虚拟现实技术解决方案。乐相科技研发的 VR 设备是大朋系列 VR 终端，下图显示的是乐相科技于 2017 年 9 月上市的 VR 设备大朋激光定位套装。

大朋激光定位套装

下图显示的是乐相科技研发的 VR 设备套装 E3 VR 体感套装（DP VR E3+ Nolo CV1）。

E3 VR 体感套装（DP VR E3+Nolo CV1）

（4）北京蚁视科技有限公司

北京蚁视科技有限公司成立于 2014 年，是一家以光学设计、AI 视觉算法、产品集成为基础的虚拟现实 VR、AR 产品与技术服务公司。蚁视现有产品包括 AR 眼镜、PC 端 VR 头盔、手机端 VR 眼镜、可穿戴 VR 相机等硬件产品。

下图显示的是蚁视科技开发的手机 VR 眼镜系列产品，主要是插入手机式 VR 设备。

蚁视小檬　　　　　　　　蚁视维加　　　　　　蚁视VR眼镜能量版　　　　　蚁视机饕

蚁视科技手机 VR 眼镜系列产品

下图显示的是蚁视科技开发的基于 PC 主机平台的 VR 头显设备。

蚁视二代VR头盔　　　　蚁视VR头盔2C　　　　蚁视VR套装2S　　　　蚁视二代VR头盔
　　　　　　　　　　　　　　　　　　　　　　　　　　　　　　　　变形金刚定制版

蚁视科技基于 PC 主机平台的 VR 头显设备

下图是蚁视科技的两款基于 PC 主机平台的代表性 VR 头显设备：蚁视 VR 套装 2S 和蚁视 VR 套装 2C。其中，蚁视 VR 套装 2S 采用 OLED 独立双屏，双眼分辨率为 2160×1200，刷新率为 90Hz，以及 Inside-out 红外感知系统。

蚁视 VR 套装 2S 和蚁视 VR 套装 2C

下图显示的是蚁视科技 AR 头显设备蚁视 MIX。MIX 提供了两种位置追踪配件可供选择，包括自研的 Inside-out 位置跟踪和 Outside-in 位置跟踪。Inside-out 位置跟踪模块不需要任何外部的标记点或定位基站，就可跟踪锁定用户和虚拟对象的位置。Outside-in 位置跟踪模块及双手柄，配合 MIX 眼镜可以玩更多双手柄 AR 游戏。

蚁视 MIX

（5）北京小鸟看看科技有限公司

北京小鸟看看科技有限公司是一家专注移动 VR 技术与产品研发的科技公司，致力于打造全球领先的移动 VR 硬件及内容平台。2015 年 3 月，Pico 品牌成立，致力于 VR 研发、VR 内容及应用打造。2015 年 12 月，小鸟看看科技推出 Pico 1 头盔与 PicoVR App 及 Pico 行业解决方案。2016 年 4 月，发布 VR 一体机 Pico Neo DK。2017 年 5 月，发布手机盒子产品 Pico U，升级版分体式 VR 一体机 Pico Neo DKS，旗舰一体机产品 Pico Goblin，VR 追踪套件 Pico Tracking Kit。下图显示的是小鸟看看科技推出的 4K 高分辨率 VR 一体机 Pico G2 4K。

Pico G2 4K

下图显示的是小鸟看看科技推出的 2K 分辨率 VR 一体机 Pico G2。

Pico G2

下图显示的是小鸟看看科技推出的内置头、双手 6 自由度一体机 Pico Neo。该设备内置 6 自由度空间定位和双手位置追踪，允许用户在虚拟空间自由移动，也可以直接使用双手与虚拟对象进行交互。该设备搭载骁龙 835、菲涅尔镜片，显示分辨率 2880×1600。

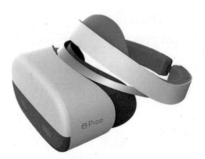

Pico Neo

在中国 VR 设备的研发厂家中，除了以上公司以外，还有很多其他的公司也在进行 VR 设备的开发，由于篇幅有限这里不逐一详细介绍。我们列举一些企业和设备的名称，如暴风魔镜 VR、小米 VR、爱奇艺 VR、华为 VR、

IDEALENS 成都虚拟世界科技有限公司、传送科技（TPCAST）、创维酷开 VR、歌尔声学、凌感科技（uSens Inc.）、睿悦信息、Insta 360、瑞立视、七鑫易维、0glass、联想新视界、Realmax 塔普翊海智能科技等。

二、AR/MR 终端开发商

1. 微软 HoloLens

微软是全球顶尖的 AR/MR 终端开发商。2015—2019 年，微软开发了两款引领前沿科技的 AR/MR 设备 HoloLens 和 HoloLens 2。

2015 年 1 月，微软发布了全球第一款虚拟现实 AR/MR 终端 HoloLens。HoloLens 是一款史无前例的划时代产品。它不需要连接电脑，没有线缆和听筒，却具有全息成像、高清镜头、立体声、手势控制、声音指令等强大功能，可以让体验者看到、听到和触摸到虚拟全息世界。

HoloLens

基于微软的强大研发能力和持续不懈的努力，2019 年 3 月，微软发布了第二代 AR/MR 终端 HoloLens 2。HoloLens 2 相比上一代研发了更多强大的科技，能够给用户带来更舒适的佩戴感受和更高品质的 AR/MR 体验。

HoloLens 2

2. Magic Leap

Magic Leap 是迄今为止吸收行业投资最多的虚拟现实创业公司。截至 2019 年 5 月，Magic Leap 获得日本移动公司 DoCoMo 的 2.8 亿美元投资时，Magic Leap 总计已经获得投资 26 亿美元，约合人民币 175.76 亿元。2018 年 8 月，Magic Leap 匆匆上市了第一款 AR/MR 产品 Magic Leap One。虽然，Magic Leap One 并没有给投资者和消费者带来多大的惊喜，但其获得的堪称传奇式的巨额投资，让其成为虚拟现实商业生态圈中显著的存在。

Magic Leap One 及其体验效果

3. 其他 AR/MR 研发商

在 AR/MR 领域，除了 HoloLens 与 Magic Leap 外，还有其他研发商，Meta 就是其中具有代表性的一家。Meta 2 是美国 Meta 公司开发的一种高性价比 AR 头显设备，如下图所示。

Meta 2

三、其他虚拟现实硬件开发商

1. 谷歌

谷歌，英文名 Google，成立于 1998 年 9 月 4 日，由拉里·佩奇和谢尔盖·布林共同创建，被公认为全球最大的搜索引擎公司。近年来，谷歌一直致力于虚拟现实 AR/VR 产品研发，推出一系列软硬件产品。

（1）Google Glass

早在 2012 年 4 月谷歌就发布了世界上第一款 AR 眼镜 Google Glass。它具有和智能手机一样的功能，可以通过声音控制拍照、视频通话和辨别方向，以及上网、处理文字信息和电子邮件等。下图显示的是 Google Glass AR 眼镜及佩戴的效果。

Google Glass

（2）Google Card Board

谷歌有个著名的"20% 时间"规定，允许工程师每周一天的工作时间，可以从事自己感兴趣的课外项目。如果项目具有可行性，谷歌会投入更多资源进一步发展。Google Card Board 就是在这样的情况下由谷歌法国巴黎的两位工程师大卫·科兹（David Coz）和达米安·亨利（Damien Henry）创意研发而成。Google Card Board 最大的特点就是可以让人们以最低的成本获得 VR 体验，这成为向大众普及 VR 最好的方式。下图显示了 Google Card Board 及佩戴效果。

Google Card Board

（3）Day Dream

2016 年 11 月，谷歌发布了虚拟现实平台 Day Dream。该平台是一套完整的虚拟现实软件、硬件、控制设备解决方案，手机厂商只要参照 Day Dream 标准进行匹配研发就能实现高水准的虚拟现实体验效果。这使得大多数手机厂商快捷地介入虚拟现实产业成为可能。下图显示的是 Day Dream 终端和 Day Dream 软件平台。

Day Dream 终端和软件平台

（4）AR Core

2017 年 8 月，谷歌宣布推出了和苹果 iOS 系统增强现实开发工具 AR Kit 对应的 Android 系统增强现实开发工具 AR Core。AR Core 具有强大的手机增强现实辅助功能，具体包括：第一，动作捕捉功能，使用手机的传感器和相机，AR Core 可以准确感知手机的位置和姿态，并改变显示的虚拟物体的位置和姿态；第二，环境感知，感知平面，如面前的桌子、地面，在虚拟空间中准确复现这个平面；第三，光源感知，使用手机的环境光传感器，感知环境光照情况，对应调整虚拟物体的亮度、阴影和材质，让它看起来更融入环境。AR Core 的目标是将每一台手机都改造为 AR 终端。下图显示的是 AR Core 在手机中呈现的效果。

AR Core 在手机中呈现的效果

（5）Stadia

2019 年 3 月，谷歌在 GDC2019 大会上宣布推出全球第一个云游戏平台 Stadia。该平台是以云计算技术为基础的在线游戏技术，就是利用云计算和高速率无线传输技术（5G），使原本对硬件水准要求较高的大型 AAA 级 PC 或主机游戏，能够在低性能的手机、平板及笔记本电脑或电视运行。Stadia 预计于 2019 年底正式上线。Stadia 的上线将给传统主机游戏平台 PlayStation、Xbox 等带来巨大的挑战。对于未来虚拟现实而言，Stadia 则是巨大的福音，因为这种云计算技术迟早会应用于虚拟现实终端，届时虚拟现实终端的运算性能和高品质内容等问题将获得前所未有的突破。下图显示的是 Google 云游戏平台 Stadia。

Google 云游戏平台 Stadia

2. 三星

虽然三星的高质量虚拟现实设备并不常见，但三星在虚拟现实领域是重量级企业。2016—2018 年，全球超过 80% 的高端 VR 设备都采用了三星显示屏，其中包括几乎全部的 Oculus VR 头显和 HTC Vive VR 头显。下图显示的是三星发布的 3840×2160 像素、1200 PPI AMOLED 显示屏。这是一种将 VR 头显分辨率提升到 4K 的显示屏。

三星发布的 3840×2160 像素、1200 PPI AMOLED 显示屏

此外，三星也与 Oculus 合作研发了一系列手机设备 Gear VR。Gear VR 需要插入三星手机才能体验到较高专业水准的 VR 内容。但由于三星手机在 2016—2018 年间几乎长期盘踞在全球手机销量冠军的位置，因此价格便宜的 Gear VR 设备就成为三星手机用户的重要选项。为了推动 Gear VR 及三星手机的销售，三星曾一度推出了购买手机送 Gear VR 的礼包。下图显示的是三星 Gear VR 及使用效果。

Gear VR

　　至此，我们能看到在虚拟现实 VR、AR/MR 的硬件研发领域，有大量的厂商投身于虚拟现实硬件产品的开发。其中有微软、谷歌、Facebook 这样传统数字信息领域的巨头，也有许多名不见经传的创业团队。结合前面分析过的虚拟现实科技发展历史，我们可以清晰地看到，自虚拟现实诞生以来，虚拟现实硬件开发厂商空前的踊跃。虚拟现实从 VR 向 AR、MR、XR 等领域的扩展从未如此丰富，虚拟现实科技的发展和终端设备的更新迭代从未如此高速与高效。虚拟现实商业生态圈的硬件研发领域已经呈现出史无前例的欣欣向荣的景象。

第三节　虚拟现实内容运营商

一、虚拟现实内容平台概述

　　虚拟现实内容平台是专门聚合虚拟现实内容及应用的平台，是一种虚拟现实产品销售的应用商场。研发商向平台商提供产品，消费者在平台下载产品。如同真实世界中的大型商场一样，商场并不生产产品，只是代理生产厂商的产品，集中售卖，消费者可以在这里找到更多的产品，包括打折的产品。虚拟现实内容平台与商场的原理基本一样，只是它不是卖食物和日用品，而是专门售卖各类型虚拟现实内容产品的网上商城。当用户在虚拟现实终端，如 VR 头盔中打开内容平台，就可以直接购买下载自己喜欢的 VR 游戏、VR 电影、VR 体验等各类型产品。各类型虚拟现实内容开发厂商，一般都会将自己开发的产品上传到应用商场进行销售。对于虚拟现实内容开发商而言，这可以有效解决他们在销售方面的短板，并专注于内容的研发；而虚拟现实内容平台则可以专注于产品的销售。下图显示的是一个具有代表性的网上虚拟现实内容平台。

网上虚拟现实内容平台

目前，基于虚拟现实终端类型的不同，可以将全球虚拟现实内容平台分为两大类：第一类是基于计算机 PC 端的虚拟现实内容平台，它们的终端主要是基于 PC 电脑的头显，如 HTC Vive、Oculus Rift 等；第二类是基于移动端的虚拟现实内容平台，它们的终端主要是基于移动端的一体机。

二、PC 端的虚拟现实内容平台

PC 端的虚拟现实内容平台主要有通用的 Steam VR 平台、Oculus 官方的 Oculus Store 平台和 HTC Vive 官方的 Vive Port 平台。此外，由于 Sony PlayStation VR 与 PC 平台的 VR 终端具有相似性，都是连接到专门的计算平台，所不同的是 PlayStation VR 连接到 PlayStation 游戏主机（一种专门用于游戏的定制电脑），而 HTC Vive 设备和 Oculus Rift 设备连接到 PC 电脑。对于虚拟现实内容开发者而言，开发 PC 端的内容与开发 PlayStation 端的内容具有极高的相似性，因此我们可以将他们统一起来，包括未来微软 XBOX 平台也不排除具备 VR 功能、苹果公司的主机扩展 VR 功能等。他们都将统一在主机计算平台之下，其虚拟现实内容平台也具有较高的相似性。原则上讲，未来为 PC 电脑开发的虚拟现实内容只要略做调整就可能在所有的平台上销售和体验。

下面，我们分别来了解一下当前 4 个主要的主机端（包括 PC 和 PlayStation）虚拟现实内容平台的情况。

1. Steam VR 内容平台

Steam VR 内容平台是全球第一个大众化、开放性的 VR 内容平台。2016 年 2 月上线至今已经拥有数百万注册 VR 用户。该平台兼容 HTC Vive、Oculus Rift、Windows Mixed Reality 等多种类型的 VR 终端，允许这些不同平台的用户进行 VR 内容购买和下载体验。由于 Steam VR 是基于 Steam 进行拓展的虚拟现实频道，而 Steam 平台在全球拥有近 3 亿消费习惯成熟的用户群体。Steam VR 也成为迄今为止全球规模最大的 VR 内容分发平台。该平台具有跨终端优势，能够让 HTC Vive、Oculus Rift、Windows Mixed Reality 等不同终端用户都能付费下载或免费下载体验 VR 内容，目前在全球范围虚拟现实内容的用户规模最为庞大。下图显示了 Steam VR 平台中应用商场的基本情况。

Steam VR 内容平台

2. Oculus Store VR 内容平台

Oculus Store 平台是 Oculus 于 2016 年推出 Oculus Rift CV1 时同步面市的一个专门针对 Oculus VR 终端的 VR 内容分发平台。该平台是一个只针对 Oculus 用户的平台，由于内容要求较严苛，目前只针对 Oculus 系统内的 VR 内容研发者开放。因此，Oculus Store 平台也是一个相对封闭的平台，平台中的内容相对较少，目前只有不到 1000 款内容可供用户下载。但由于 Oculus 拥有全球最大的社交平台公司 Facebook 的鼎力支持，Oculus 在虚拟现实领域研发的持续性和 Oculus Go、Oculus Quest 及下一代 Oculus Rift CV2 方面的持续投入，可以预见 Oculus 必然在未来的虚拟现实发展中持续担当领头羊的角色，发展前景令人期待。当然，不排除 Oculus 未来会在内容平台方面存在开放性转变的可能。下图显示的是 Oculus Store VR 内容平台的界面。

Oculus Store VR 内容平台

Oculus Store 平台有三个不同的频道：Rift、Go、Gear VR。它们分别对应着 Oculus 三种不同的 VR 终端——Oculus Rift、Oculus Go 和 Gear VR。其中，Oculus Rift 是针对 PC 端高性能 VR 体验设备的 Oculus Rift CV1 平台；Oculus Go 是 Oculus 一体机平台；Gear VR 是针对 Oculus 与三星联合开发的 Gear VR 手机壳 VR 平台，主要在三星手机上使用。

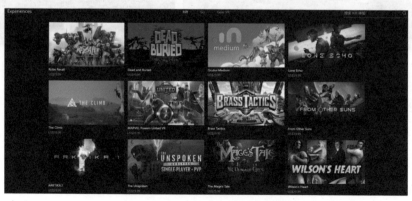

Oculus Store Rift 频道的 VR 内容

3. Vive Port VR 内容平台

Vive Port 平台是专门针对 HTC Vive 终端用户而开发的 VR 内容分发平台。与 Oculus 平台相似，该平台内容最初只针对自己生产的终端进行内容开放。截至 2018 年底，该平台已经开始对 Oculus 终端用户进行开放。与 Oculus 的封闭方式不同，Vive Port 平台允许 VR 内容开发者自主上传自己研发的 VR 内容。这就使得全球有更多的 VR 开发者可以方便地上传自己开发的作品，并对其进行定价和销售。目前，Vive Port 平台已拥有超过 2000 个 VR 内容。当然，完全开发的 Vive Port VR 平台也存在一些弊端，其中最突出的是由于没有平台的严格监管，会导致部分质量很差的内容也会在商城出现，用户下载后的体验大打折扣。

Vive Port VR 内容平台

4. Windows MR 内容平台

Windows MR 内容平台主要是针对 Windows MR OEM 合作单位开发的虚拟现实终端的虚拟现实应用内容平台。

Windows MR 内容平台

5. Sony PlayStation Store VR 内容平台

Sony PlayStation Store VR 平台是 Sony 公司基于 PlayStation 游戏平台扩展而成的 VR 内容专门频道。与 Steam VR 非常相似，Sony PlayStation VR 也是基于此前已经非常成熟的专门游戏平台衍生出来的。但与 Steam VR 的开放性不同，Sony PlayStation VR 只针对 Sony PlayStation VR 设备的用户开放，其他终端的用户不能使用，这就使得 Sony PlayStation Store VR 平台的用户数量相对较少。但由于 Sony PlayStation 游戏平台是一个非常成熟的游戏分发应用商店，拥有成熟的消费模式和近 9000 万用户，该平台的成长空间较大。目前，官方数据显示在 Sony PlayStation Store VR 平台中上线的 VR 内容数量不到 100 个。

Sony PlayStation Store VR 内容平台

6. YouTube 360 度全景视频 VR 频道

YouTube VR 频道是美国著名视频网站 YouTube 在原视频平台扩展的 360度 VR 视频频道。YouTube VR 频道主要发布 360 度 VR 全景视频内容，用户可以在 PC 电脑、移动终端及 VR 设备上观看 360 度 VR 全景视频。相比其他 VR 内容平台，YouTube VR 频道有两个特点：传播广和体验浅。由于该平台以视频的方式，允许用户通过 PC 电脑、移动终端或 VR 设备观看，最大限度地拓展了体验群体。目前，该频道订阅者已经超过 300 万用户，优质内容的单个视频点击率可高达百万。

YouTube 360 度全景视频 VR 频道

三、移动端的虚拟现实内容平台

1. Oculus 内容平台

Oculus 移动端内容平台有两个类别，即 Go 和 Gear VR。它们分别是对应于 Oculus Go 一体机 VR 平台和 Gear VR 三星手机 VR 平台。下图显示的是 Oculus 商城中一体机 Oculus Go 频道的虚拟现实内容商店，使用 Oculus Go 一体机的终端可以购买、下载和体验该平台的 VR 内容。

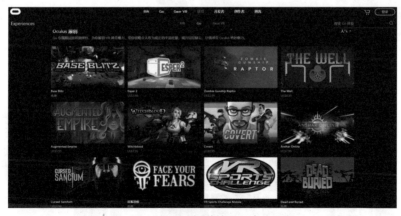

Oculus Go 频道的 VR 内容

下图显示的是 Oculus Gear VR 频道的虚拟现实内容商店，使用 Gear VR 和三星手机的用户可以购买、下载和体验该平台的 VR 内容。

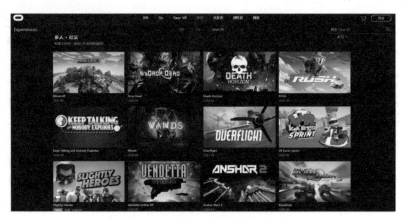

Oculus Gear VR 频道的 VR 内容

2. HTC Vive Focus 内容平台

截至 2019 年 6 月，HTC Vive 发布了两个移动终端内容平台，即 Vive Focus 和 Vive Cosmos，如下图所示。

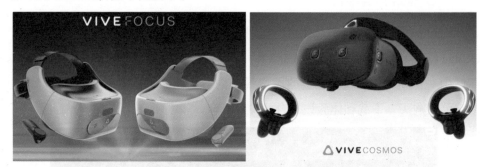

Vive Focus 和 Vive Cosmos

下图显示的是 Vive Focus 的移动应用商店 App Store 移动内容平台。

Vive Focus 内容平台

3. Day Dream 内容平台

Day Dream 是谷歌研发的 VR 内容平台。该平台主要提供给使用 Day Dream 平台的各类型移动手机 VR 终端消费和下载体验。下图显示的是谷歌 Day Dream 内容平台的相关应用产品。

Day Dream 内容平台

4. HoloLens 内容平台

微软 HoloLens App Store 是在微软 AR/MR 终端 HoloLens 中进行各类型应用产品的消费和下载体验的内容。下图显示的是 HoloLens App Store 内容平台及相关应用产品。

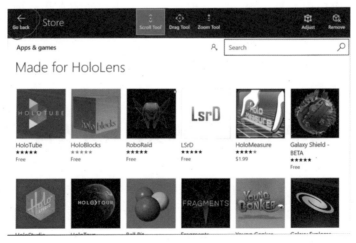

HoloLens 内容平台

5. Magic Leap 内容平台

Magic Leap App Store 是在 Magic Leap 研发的 AR/MR 终端 Magic Leap One 中进行各类应用产品的消费和下载体验的专门内容平台。下图显示的是 Magic Leap 内容平台及相关应用产品。

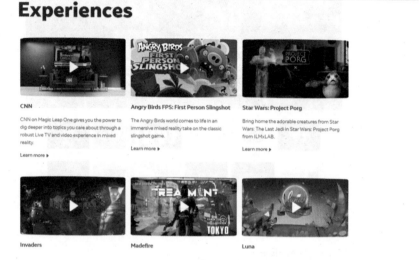

Magic Leap 内容平台

至此，我们已经较全面地了解到当前各类型虚拟现实内容平台的发展情况。从中，我们可以看到当前虚拟现实内容平台包括 PC 端和移动端内容平台，类型丰富，应用产品种类繁多，呈现出一种蓬勃发展的态势。但是，需要注意的是，除了 Steam VR 平台为第三方内容平台以外，其他基本都是依托虚拟现实设备自身而配套研发的内容平台。

第四节 虚拟现实内容开发商

虚拟现实内容开发商是指专门从事虚拟现实内容研发的公司、工作室和团队。由于在全球范围内虚拟现实内容开发商的数量极其庞大，高峰时期可能达到数十万家，本文就选择其中几个有代表性的企业进行介绍。

一、Oculus Story Studio

Oculus Story Studio 是 Oculus 内部建立的 VR 影视工作室，成立于 2015 年初。它的任务是探索 VR 影视的可能性，以及让世界看到 VR 可以作为叙事性媒体存在。Oculus Story Studio 成立两年多的时间里，生产出了多个质量上乘的 VR 作品，如 VR 短片 *Lost*，*Henry*，*Dear Angelica* 及一款优秀的 VR 绘画及动画创作工具 Quill。由于 Oculus 公司整体布局的调整，Oculus 于 2017 年关闭了 Story Studio。次年，来自 Oculus Story Studio 团队的成员们宣布成立了一家全新的公司 Fable Studio，并继续研发 VR 内容。Oculus Story Studio 虽然只存在了两年多的时间，但其研发的作品获得了许多国际奖项，并带动了更多的电影人去认识 VR 表达和 VR 叙事，让更多的人参与到虚拟现实叙事内容的创作中，影响和推动了世界各大电影节对 VR 作品的重视，并逐步设立了 VR 电影竞赛单元，包括艾美奖和奥斯卡。

Oculus Story Studio 作品（a）

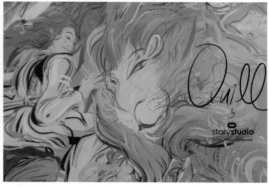

Oculus Story Studio 作品（b）

二、Valve

Valve 是 Valve Software 的简称，1996 年成立于美国华盛顿州西雅图市，是一家专门开发电子游戏的公司，代表作品有《半条命》《反恐精英》《求生之路》《DOTA2》等。2014 年，Valve 与 HTC 联合进行 VR 设备的开发，并于次年发布 HTC Vive VR 设备。与设备同时发布的还有 Valve 研发的系列 VR 作品 The Lab。The Lab 是一套系统的 VR 体验内容，作为 HTC Vive 的 Demo 内容展示了虚拟现实应用在科技、文化、旅游、医疗、航天、游戏等领域发展的无限可能。The Lab 帮助广大的虚拟现实体验者第一次认识到了虚拟现实的各种应用场景，让更多的人投身到虚拟现实内容的研发当中。The Lab 是虚拟现实体验内容的标杆作品，是开启虚拟现实在各行业应用的典范案例。下图显示的是 The Lab 在科技、旅游领域的应用案例。

The Lab 的开始界面和小朋友在草原上与电子宠物狗玩耍

在 The Lab 中体验维修机器人

三、Baobab Studios

　　Baobab Studios 是由"马达加斯加"系列动画电影的导演埃里克·达尼尔（Eric Darnell）和 Zynga 游戏部前副总裁莫林·范（Maureen Fan）于 2015 年共同创办的，主要进行 VR 动画创作。至今，Baobab Studios 已经研发出了 *Invasion!*，*Asteroids!*，*Crow: The Legend*，*Bonfire*，*Jack*（*Part 1*）等多个作品，获得日间艾美奖、安妮奖、圣丹尼斯电影节、威尼斯电影节、纽约翠贝卡电影节、多伦多国际电影节、戛纳国际电影节等总计超过十个奖项。截至 2016 年底，Baobab Studios 获得了共计 3100 万美元（约合人民币 2 亿 1000 万元）的投资。

Baobab Studios 作品

四、Hyperbolic Magnetism

2018 年，Hyperbolic Magnetism 工作室研发了一款音乐节奏游戏 *Beat Saber*，该游戏一经上市就成为 VR 游戏的经典。*Beat Saber* 于 2018 年 5 月在 Steam VR 平台上线后，在社交媒体和粉丝间引起了广泛关注和体验热潮，首周售出 5 万份，营收超过 100 万美元。截至 2019 年 3 月，已销售超过 100 万份，营收超过 2000 万美元（约合人民币 1 亿 3000 万元）。Hyperbolic Magnetism 是位于捷克的一个小型独立游戏工作室，由两名年轻的开发者 Vladimir Lokiman Hrincar 和 Jan Split Ilavsky 联合创立。2015 年，他们同 Jaroslav Jerry Beck 联合研发 VR 游戏 *Beat Saber*。Jerry 是 Beat Games 的联合创始人兼首席执行官，同时也是暴雪影视的音乐作曲家，参与的游戏作品有《守望先锋》《星际争霸》《魔兽世界》等。

Hyperbolic Magnetism 作品

通过前面几个虚拟现实内容开发商的介绍，我们可以概要地了解到在虚拟现实商业生态圈中虚拟现实内容开发商的基本情况。由于篇幅限制，而虚拟现实内容开发团队的数量又过于庞大，这里无法逐一详细介绍。但需要说明的是，随着虚拟现实科技的日渐成熟，虚拟现实内容将在生态圈中具有举足轻重的地位，虚拟现实内容开发者也有极为广阔的发展空间。

第五节　虚拟现实基础建设服务商和消费者

在虚拟现实商业生态圈中，虚拟现实基础建设服务商是支持虚拟现实产业发展的基础平台，他们为虚拟现实产业提供基础建设服务，包括软硬件服务、通信服务、数据服务、计算服务等。虚拟现实消费者则是虚拟现实终极的服务对象，他们是真正为虚拟现实商业体系买单的客户。

一、虚拟现实基础建设服务商

虚拟现实基础建设服务商是指为虚拟现实产业发展提供基础建设服务的厂商，包括硬件领域基础芯片、显示面板、人机交互技术的研发服务，通信领域的 5G 基础搭建，虚拟现实大数据中数据基础的积累，虚拟现实云计算平台中超级计算基地的组建，虚拟现实与人工智能结合后的人工智能系统和平台的搭建，等等。这些基础建设服务商的功能在于为虚拟现实世界更流畅舒适的运行提供基础设施建设，如组件信息高速公路、提供通信服务、提供数据资源等，给虚拟现实消费提供良好的基础设施服务。他们的目标是服务于整个虚拟现实系统。由于虚拟现实基础建设服务商涉及的技术领域和产业空间太过庞杂，这里仅进行概要描述，不进行详细分析。

在虚拟现实基础建设服务商的硬件领域,基础芯片研发的厂商有美国高通、英特尔、英伟达和中国华为等，硬件显示面板领域的厂商有韩国三星、中国京东方等。

在虚拟现实基础建设服务商的通信基础建设领域，有中国华为、芬兰诺基亚、瑞典爱立信等。

在虚拟现实基础建设服务商的大数据基础建设领域，有美国谷歌、脸书，中国百度、阿里巴巴、腾讯，等等。

在虚拟现实基础建设服务商的云计算基础建设领域，有美国谷歌、苹果，中国百度、华为、阿里巴巴，等等。

在虚拟现实基础建设服务商的人工智能基础建设领域，有美国英伟达、谷歌，中国华为、百度、阿里巴巴，等等。

二、虚拟现实消费者

虚拟现实消费者是虚拟现实世界终极的服务对象，是虚拟现实商业生态圈存在的基础。如果没有消费者买单，虚拟现实商业生态圈就成了无源之水。当消费者从平台获得优质的虚拟现实服务，并且愿意这些服务买单的时候，虚拟现实生态圈就开始良性运转起来。而虚拟现实产品消费者越多，代表虚拟现实生态圈越繁荣。虚拟现实消费者分为企业级消费者和大众消费者两种主要的类型。

企业级消费者主要是指虚拟现实为企业的特定需求提供的整体解决方案。比如，一所学校需要用虚拟现实技术来让学校的每一位学生都能学习航空航天的知识，那么就需要给他们提供一整套从硬件到内容再到学习场景的整体解决方案。又如，一个著名的风景区希望前来旅游观光的客人能够通过虚拟现实技术实现在任何时候都能观看到一年四季的美景；一所消防管理机构希望让全市的市民都能够通过虚拟现实技术认识到小区住宅防火的重要，以及面临突发火情的时候如何科学地处置，将其对生命财产的伤害降到最低，等等。这些所有面对企事业单位展开的虚拟现实项目，其本质都面对的是企业级消费者。事实上，随着虚拟现实技术的飞速发展和日臻完善，虚拟现实的应用将变得日渐广泛，各行各业对虚拟现实应用的需求日益增加，虚拟现实的企业级消费者也将呈现蓬勃发展的态势。

大众消费者是虚拟现实未来发展的主流，即未来每个人都可能像今天的手机一样拥有一个虚拟现实头戴式设备，以满足他们日常生活及工作的需求。这个时候，虚拟现实的大众消费者将成为海量的消费者和服务对象。未来，虚拟现实技术对于大众消费可能无处不在。比如，我们今天用到的微信将变成 VR 时代的社交工具，我们今天用到的淘宝将变成 VR 时代的购物工具，我们今天用到的移动支付将变成 VR 支付，还有 VR 游戏、VR 电影、VR 学习、VR 旅游等。

第五章 虚拟现实全景视频制作技术、流程及代表作品

第一节 虚拟现实全景视频

虚拟现实全景视频是指使用虚拟现实全景拍摄设备拍摄制作的横向和纵向各360度完全覆盖的全景视频。

一、虚拟现实全景视频的特点

与普通视频的一台相机一个角度拍摄的效果相比，虚拟现实全景视频是多台相机对周围横向和纵向各360度全方位拍摄。两者在画面上有着显著的区别和评判标准。以视频的画面构图为例，传统视频拍摄对于画面构图设计是非常讲究的。下图是一台普通相机拍摄的画面，这个画面构图明确：大树在画面中心偏右的位置，地平线在画面中心略靠上的位置，画面的主体——狮子基本处于画面的中心位置。这就是传统视频拍摄关于构图的基本思考。

传统视频拍摄呈现的画面效果

我们来看看虚拟现实全景视频的不同之处。下图显示的就是一个全景视频，我们可以使用鼠标从右向左移动，这时我们能看到画面向左移出了更多的内容。在上面画面中的一棵大树、一只狮子后面，我们还看到了大树右边也有一只狮子。

虚拟现实全景视频画面向左移动的效果

如果继续拖动画面，我们还能看到更多的内容——远处广袤的草原。这时，画面的构图也发生了变化，从前面以大树和狮子为主的近景变成了以草原空间为主体的远景，如下图所示。

虚拟现实全景视频画面继续向左移动的效果

继续向右移动，可以看到右侧的树林，右前方还有一只狮子。继续移动看到了右边的整片树林，那棵大树及树下的狮子再次进入我们的视野。这样，我们的视线横向旋转 360 度，看到了周围全部的环境。

虚拟现实全景视频画面持续向左移动看到的完整横向视频内容

虚拟现实全景视频中横向完整的 360 度画面内容

　　在虚拟现实全景视频画面中，除了可以横向看到全部的内容，还可以纵向看到全部的环境内容。从下图中，我们可以看到视角在纵向地变化。当我们向下拖动鼠标（在 VR 设备中表现为抬头），就可以看到狮子上面更多的树干，继续移动将看到完整的树冠，还将看到整个天空。由于我们在 PC 电脑的播放器上只能通过屏幕窗口观看部分画面，而使用 VR 设备后，我们看到的不再有视窗的裁切，而是完整空间。

虚拟现实全景视频中纵向抬头观看完整的环境

除了纵向抬头观看，我们还可以纵向低头观看更多的内容。下图显示的是我们在 VR 设备中低头可以看到完整的地面信息。

在虚拟现实全景视频中低头看到完整的地面信息

当我们将整个虚拟现实全景视频缝合、铺开，就可以看到一张完整的全景视频平铺画面。下图显示的就是将以上横向 360 度和纵向 180 度的整合视频信息平面铺开后所看到的全景画面。可以看到，这个全景视频包含了在拍摄现场所能看到的全部内容——天空、地面、植物、动物，没有死角，都被拍入全景视频中。

将整个全景视频平铺后看到的全景画面

当我们看到完整的全景视频画面，再来对比传统相机拍摄的画面，可以看到传统拍摄只能展现场景的局部，而这个局部在全景视频中是极小的一部分。全景视频能够传递几乎全部的环境信息。

传统相机拍摄的画面与虚拟现实全景视频的内容信息对比

前面案例分析的虽然只是一幅全景画面，但它并不只是一个画面，而是完整的全景视频。这个全景视频也可以像传统视频一样随着时间的推移，记录下环境和主体对象的完整动态过程。比如中间的狮子会四处走动，也会走到镜头面前好奇地看看。如下图所示，我们可以看到全景视频中四处走动的狮子。

全景视频中四处走动的狮子

此外，全景视频也能够转换不同的视点以拍摄不同的对象。下面3个画面显示的是在不同位置拍摄不同环境下狮子的生活状态，全景视频完整地呈现了狮子在不同环境下的周边完整的情况。

虚拟现实全景视频在不同位置拍摄不同环境下狮子的生活状态

虚拟现实全景视频能够拍摄表现的内容多种多样。除了前面讲到的野生动物的记录，还能够很好地表现风景。下图显示的就是使用虚拟现实全景视频记录风景。

使用虚拟现实全景视频记录风景

使用虚拟现实全景视频还可以拍摄室内环境，下图显示的是使用虚拟现实全景视频表现完整的室内装潢与陈设。

使用虚拟现实全景视频表现完整的室内装潢与陈设

二、虚拟现实全景视频拍摄设备

1. 虚拟现实全景视频拍摄设备与传统视频拍摄设备的区别

虚拟现实全景视频拍摄设备与传统视频拍摄设备有很大的不同，我们来简单地对比一下。下图是传统视频拍摄设备，传统的拍摄设备通常只有一个镜头，朝向一个方向进行拍摄。

传统视频拍摄设备及拍摄方式

下图是一套典型的虚拟现实全景视频拍摄设备及现场拍摄方式。从图中可以看到，虚拟现实全景视频拍摄设备有多个镜头，分别朝向周围的各个方向。每个镜头都能将各自朝向区域的内容完整地拍摄下来。于是，一组360度全覆盖的镜头就可以对周围环境进行全方位拍摄。

虚拟现实全景视频拍摄设备及现场拍摄方式

2. 虚拟现实全景视频拍摄方式与传统视频拍摄方式的区别

在传统视频拍摄中，至少有一位在摄影机镜头后面操控设备的摄影师；而在虚拟现实全景视频的拍摄现场，摄影师已经不见了踪迹。这是因为全景视频拍摄设备在拍摄过程中，将360度地进行全方位拍摄，必然会把设备旁边的摄影师拍摄下来，导致镜头里摄影师与拍摄环境的违和感。要解决这个问题，摄影师只能在架设好拍摄设备后，躲到全景设备镜头不能拍摄到的地方，通过移动远程监控平台进行拍摄控制。不得不说，虚拟现实全景拍摄的摄影师是比较"低调"的。虽然拍摄技术很高大上，但拍摄过程只能"偷着拍"。

3. 虚拟现实全景视频拍摄设备

虚拟现实全景视频有很多不同的拍摄设备，价格从几千到数十万元不等，拍摄质量从大众娱乐到专业电影级别也不尽相同。

（1）诺基亚 OZO

上图中的球状的类似外星人的设备是 Nokia（诺基亚）于 2015 年 11 月发布的一款虚拟现实相机，名为诺基亚 OZO。它是一款可以拍摄球面 360 度视频及录制 360×360 环绕立体声的虚拟现实相机设备。8 个摄像传感器和 8 个麦克风，捕捉帧率 30fps，分辨率 8K×4K。诺基亚 OZO 上市后的售价超过人民币 30 万元，是一款较昂贵的全景拍摄设备。

（2）Go Pro VR

对于资金不够充足、要求也不是特别高的普通应用而言，诺基亚 OZO 的距离可能略遥远，但还是可以找到相对亲民的设备。Go Pro VR 是使用多台 Go Pro 运动相机和 VR 支架组装起来的一套全景视频拍摄设备。下图显示的是 Go Pro VR 设备及现场拍摄的情况。

Go Pro VR 设备及现场拍摄

　　Go Pro VR 最大的亮点在于它可以根据不同需求进行灵活组装。不同的 Go Pro 相机的组合方式可以得到不同的拍摄分辨率和拍摄效果的全景视频。下图显示了两种不同组装效果的 Go Pro VR 设备。左图是进行 3D 立体 VR 视频拍摄的组装方式，相机两两组合模拟人的双眼，可以拍摄出具有三维立体空间效果的 3D 全景视频。右图是使用 9 台相机组合，其中 8 台用于环状主体拍摄，1 台用于向上拍摄，这样的组装方式可以拍摄出更高分辨率的全景视频。

两种不同组装效果的 Go Pro VR 设备

　　下图是使用 16 台相机进行环状排列的拍摄设备，该设备能够实现分辨率更高的拍摄效果。此外，除了拍摄常规 2D 的全景视频，还可以通过后期制作出高分辨率 3D 立体全景视频。

使用 16 台相机进行环状排列设备与现场拍摄情况

（3）Insta360 VR

Insta360 是深圳岚锋创视网络科技有限公司的简称，该公司成立于 2014 年，专注于 VR 全景拍摄设备研发，目前其硬件在市场上占有较高份额。Insta360 研发的 VR 全景拍摄设备具有从民用到商用多个系列。其中，Insta360 Pro 2 是行业应用代表产品。该设备内置防抖功能，支持 8K/3D 拍摄，支持高清全景视频录制、全景声录制和远距离监控。下图显示的是 Insta360 Pro 2 的官网效果图。

Insta360 Pro 2

此外，Insta360 还研发出了更高性能的 Insta360 TITAN VR 摄影机。该设备能拍摄高达 11K 分辨率的全景视频。TITAN 拍摄的实际分辨率为 10560×5280，帧速率为 30fps，视频分辨率为 4K 的 7 倍。下图显示的是 Insta360 TITAN VR 摄影机的官网宣传图片。

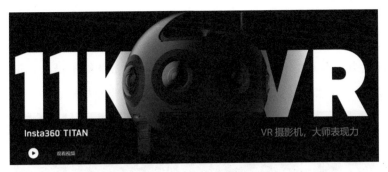

Insta360 TITAN VR 摄影机

除了专业级设备，Insta360 还研发出一系列民用低价格的 VR 产品，如 Insta360 Nano S、Insta360 EVO 等。Insta360 Nano S 是一款可以将手机变为全景相机的设备，当 Nano S 连接手机后，就可以使用专用软件拍摄全景视频。下图显示的是 Insta360 Nano S 的官网宣传效果。

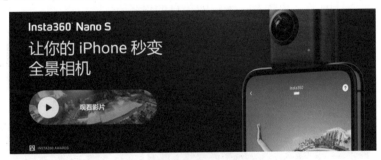

Insta360 Nano S

Insta360 EVO 是一款可以在全景相机和 3D 相机之间转换的设备。它有两个超广角鱼眼摄像头，当两个摄像头并排时可以拍摄 3D 视频。当旋转其中一个摄像头让它们背靠背拍摄的时候，就可以进行全景视频拍摄。下图显示的是 Insta360 EVO 的官网宣传页面效果。

Insta360 EVO

（4）其他全景视频拍摄设备

下图显示了一些全景视频超级拍摄设备，分别是使用多台 Red Dragon 专业电影摄影机组合起来的全景视频拍摄设备。这些设备能够拍摄出真正的电影级 3D 全景视频。当然，其高达百万的价格也让很多人望而却步。

使用多台 Red Dragon 组装和电影级全景视频拍摄设备

下图显示的是 Facebook 研发的 Surround 360 3D 相机。该设备是一款可以拍摄 360 度全景图像、视频及三维空间信息的设备。

Facebook 研发的 Surround 360 3D 相机

用户也可以根据自己的需求，使用高质量的单反相机和专业摄影机组装的虚拟现实全景视频拍摄设备，如下图所示。

使用单反相机和专业摄影机组装的虚拟现实全景视频拍摄设备

当然，虚拟现实全景拍摄设备多种多样，层出不穷。我们可以根据具体情况选择适合自己的方式展开虚拟现实全景视频拍摄的方案设计。但不管选择什么类型的设备，其拍摄方式和后期制作流程基本相似。下面我们将介绍虚拟现实全景视频的制作流程与制作工具，进一步了解虚拟现实全景视频的制作过程。

第二节　虚拟现实全景视频制作流程与制作工具

一、虚拟现实全景视频的拍摄制作流程

1. 全景视频拍摄方案设计

全景视频拍摄方案设计是指根据项目的具体目标和现有条件制定切实可行的拍摄方案，包括拍摄设备的选用，拍摄团队的组件，拍摄环境的选择，拍摄时间、地点，等等。

2. 全景视频拍摄脚本制作

全景视频拍摄脚本制作是指导全景视频的拍摄和后期制作过程中关于内容细节的详细拍摄制作脚本，包括拍摄过程中涉及的时间、地点、人物、事件及相关细节的执行脚本。

3. 全景视频拍摄过程

全景视频拍摄过程是执行全景视频拍摄项目的关键环节，是拍摄全景视频基础资源获取的唯一渠道。如果拍摄过程执行顺利，项目后期制作就有所保障；如果拍摄过程遇到阻碍，后期制作环节将难以持续。全景视频拍摄过程是项目的重中之重。这个环节的关键要素涉及拍摄团队对整个拍摄项目的时间、地点、人物和事件的整体统筹与把握。

4. 全景视频缝合

全景视频缝合是指将多个相机拍摄的素材进行集中后，在专门的全景视频缝合软件平台上，将这些分散在各个角度的视频缝合为一个完整的视频，这样

就可以得到全景视频。

5. 全景视频后期特效制作

全景视频后期特效制作是指使用专业的全景视频后期特效制作软件，给缝合完成的全景视频进行后期特殊效果的制作的过程。全景视频后期特效通常有两种类型：第一类是使用二维后期软件就能制作的简单的 2D 特效，第二类是使用专业三维软件结合专业全景后期特效软件制作的相对复杂的特效。

6. 全景视频调色

全景视频调色是指当一组一组的虚拟现实全景视频后期特效制作完成后，需要将它们连接起来，以便剪辑成具有一定专业水平的完整叙事影片。当我们把不同镜头片段连接起来的时候，会发现不同镜头画面之间存在明显色差，这时就需要使用专门的全景视频调色工具进行统一的颜色调整。

7. 全景视频剪辑合成

全景视频剪辑合成是指将前面已经制作完成的不同镜头内容剪辑合成，更好地组合成具有一定叙事功能、影片效果和节奏的完整影片。全景视频剪辑环节是设计影片叙事方式和风格的关键环节。剪辑被称为"二次导演"，对于影片整体效果的塑造具有重要意义。

8. 全景视频声音剪辑合成

全景视频声音剪辑合成是指影片剪辑完成后进行声音的剪辑合成。这是给全景视频增加音乐、音效及整体氛围的重要环节。

9. 全景视频输出

全景视频输出是指将制作完成的全景视频进行渲染输出，以生成可以在虚拟现实终端观赏的完整的全景视频内容。

二、虚拟现实全景视频的后期制作工具

1. 虚拟现实全景视频缝合工具 Autopano Video Pro

在虚拟现实全景视频缝合环节中，我们主要讲解使用 Autopano Video Pro

软件平台对多角度视频进行缝合。Autopano Video Pro 软件平台界面如下图所示：左上角是多角度视频素材库存放区域，拍摄完成的素材资源都可以放在这里进行预览；下面部分是多角度视频素材的时间位置匹配栏，在这里将同一组镜头的不同角度的画面进行统一排放，以便于后续环节进行视频缝合；右上角为视频缝合效果预览区，在这里可以对全景视频的整体缝合效果进行预览。

Autopano Video Pro 工作界面

此外，Autopano Video Pro 软件平台中还可以对视频缝合过程中遇到的接缝、颜色不统一、时间不匹配等问题进行调节。下图显示的是在 Autopano Video Pro 中进行接缝修补的界面效果。图中绿色方块标出了接缝区域，调整该区域可以获得更优化的缝合效果。

Autopano Video Pro 中进行接缝修补

2. 虚拟现实全景视频特效制作工具 Nuke

在虚拟现实全景视频后期特效制作环节中，我们主要讲解使用专业的虚拟现实全景视频后期特效制作系统制作高质量特效，如调色、校色、CGI渲染图像匹配、基于全景视频的后期三维特效制作、基于全景视频的后期二维特效制作等系统的技术方法。

　　虚拟现实全景视频后期特效制作环节主要使用专业级电影后期特效制作软件平台Nuke，以及该平台上专门用于360度全景视频后期特效制作的CARA VR插件。Nuke是一个专业级电影后期特效制作工具，拥有强大的后期特效制作能力，几乎能够胜任电影后期特效制作的绝大部分工作，其界面效果如下图所示。

Nuke 工作界面

　　Nuke平台上有一个专门用于360度全景视频后期特效制作的插件CARA VR，该插件能够在Nuke专业级电影后期特效的基础上制作出高质量的360度全景视频后期特效。下图显示了Nuke平台中的CARA VR及其工作界面。

CARA VR 工作界面（a）

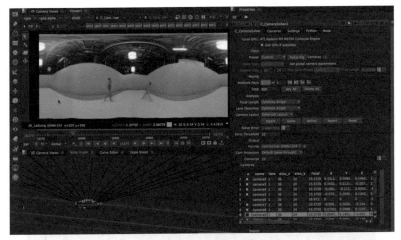

CARA VR 工作界面（b）

CARA VR 具有强大的后期匹配、优化调色工具，能够帮助我们有效地掌握匹配多角度摄影机及在缝合基础上进行高质量全景特效制作，如下图所示。

CARA VR 后期匹配及优化调色工具

3. 虚拟现实全景视频剪辑合成工具 Premiere

在虚拟现实全景视频后期剪辑合成环节中，我们主要讲解使用专业虚拟现实全景视频后期合成系统进行专业级电影全景视频后期剪辑、全景镜头转接、全景视点导向及声音匹配等后期剪辑合成的技术问题。

在 360 度全景视频后期剪辑合成环节中，我们将重点讲解 Premiere 及其全景视频插件的相关技术和使用方法。Premiere 是一个专业的影视级视频剪辑合成软件平台,该平台包含了绝大部分影视级视频合成剪辑的关键工具。此外,Premiere 还拥有一套完整的 360 度全景视频剪辑合成的技术方案,能够很好地解决全景视频剪辑合成的主要问题,并实现丰富的全景剪辑效果。下图显示了Premiere 工作界面和 Sky Box 360/VR 工作界面。

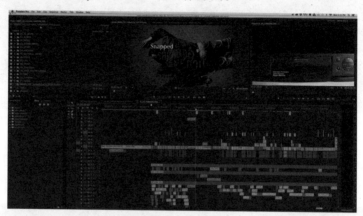

Premiere 工作界面

Sky Box 360/VR 工作界面

第三节 虚拟现实全景视频代表作品

本节我们将介绍一部经典的虚拟现实全景视频代表作品——*Introduction to Virtual Reality*。该作品是由全球顶尖的全景视频工作室 Felix & Paul Studios 与 Oculus 合作的一部用来介绍和宣传虚拟现实世界的全景视频，是可以代表当时 Felix & Paul Studios 与 Oculus 在该领域最高水准的作品。

作品用 8 组全景视频介绍了虚拟现实世界。当我们戴上虚拟现实头显激活这个视频后，首先发现自己置身于浩瀚的太空，如同一位远离地面的宇航员俯瞰巨大而神秘的地球，太阳在远处的地平线上缓缓升起，不远处还有一些悬浮在太空的陨石。

旁白："假如您能探索前所未知的新世界。"

体验者置身于浩瀚的太空，俯瞰巨大而神秘的地球

旁白："假如您可以去让您心跳的远方旅行。"

体验者坐在小船上，看到居民住在几根木桩搭建的草屋里

旁白："假如您能够坐到最前排的位置观看这个世界上最神奇的表演。"

体验者看到神奇的表演

旁白："假如能够以未想到过的方式去迷惑您的感官。"

体验者站在草地上，周围都是大象，其中一只朝我们走来

旁白："假如您能近距离看到崇拜的明星。"

体验者置身于篮球馆，球星正在练习跨步上篮

旁白："假如梦想能够难以置信地变成现实。"

体验者置身于原始森林，巨大的长颈龙睁眼看着我们

旁白："假如您发现了一种全新的方式去分享我们的故事，去存储我们的记忆。"

体验者置身于草原牧民的帐篷，一家人正在就餐，小孩在唱歌

旁白："假如整个宇宙能够忽然出现在您的眼前，欢迎来到虚拟现实世界！"

体验者置身于浩瀚的太空，神奇的星云发着亮光，陨石从身旁掠过

第六章　三维引擎虚拟现实技术、流程及代表作品

第一节　三维引擎虚拟现实

一、三维引擎虚拟现实

1. 三维引擎虚拟现实的概念

三维引擎虚拟现实是使用数字三维建模和动画技术进行创造，使用虚拟交互引擎技术进行仿真交互和即时渲染，使用虚拟现实终端进行身临其境的沉浸式交互体验的三维时空信息内容。

从信息媒介载体和感知方式的角度来讲，虚拟现实将人类从传统观看 2D 媒介内容（图书、电影、电视、电脑、手机屏幕）的方式，拓展到进入 3D 虚拟现实时空，身临其境地全方位（视觉、听觉、嗅觉、味觉、触觉）感知体验的层次。这种感知方式的突破和信息承载维度的拓展，使得三维引擎虚拟现实内容和应用空间呈现爆炸性增长。三维引擎虚拟现实内容呈现的内容形态将从传统 2D 屏幕中的文字、图像、视频等形态拓展到真实世界 3D 时空和梦想世界一切可能的形态。使用三维引擎虚拟现实可以逼真地模拟真实世界的一切，也可以天马行空地创造梦想世界的一切。用户不但可以全方位感知虚拟信息，也可以参与虚拟现实世界的交互和建设并融入其中，获得近乎真实的身临其境的体验。

2. 三维引擎虚拟现实的特点

三维引擎虚拟现实具有数字三维空间、虚拟引擎即时渲染、沉浸式体验、

自然交互等特点。

　　三维引擎虚拟现实的数字三维空间是指使用数字三维建模和动画技术进行创造的三维世界。正是因为这是一个三维世界，人们才可以在虚拟现实中行走，从各个角度全方位地观察和触摸。从这个角度来讲，360 度全景视频并不属于这种定义的虚拟现实内容范畴。因为 360 度全景视频本质上还是 2D 平面的视频，只是具有 360 度全方位包裹特性，但不是三维空间，人们也不能在其中行走或从不同角度全方位观看。虚拟现实的三维空间特性使得以往所有 2D 信息内容在虚拟现实世界成为历史，一种全新的三维信息内容开始逐步进入人们的视野。比如以往的电影是 2D 平面的电影，虚拟现实中将逐步出现 3D 空间电影。这种三维空间中的电影给用户带来的信息量、沉浸感和感官刺激，全新三维空间虚拟现实电影成为未来。下图显示的是传统影院观看电影和《头号玩家》中的虚拟现实世界。

传统影院观看电影和《头号玩家》中的虚拟现实世界

　　三维引擎虚拟现实的虚拟引擎即时渲染是指使用电脑 GPU 图形处理器硬件结合 3D 虚拟现实引擎软件进行高速率即时渲染而生成的高分辨率、高帧速率的虚拟现实内容。这在技术上和同样是使用三维动画软件制作的动画片有着本质的区别。三维动画片是使用三维动画软件制作模型和动画，使用专门渲染器进行渲染，使用后期特效与合成软件制作而成的影片；而三维引擎虚拟现实是使用虚拟引擎即时渲染生成的内容，需要较高的图像渲染硬件支持和较好的软件性能优化。这也是当前制约虚拟现实体验舒适度的关键要素之一：低帧率、高延迟的主要问题所在。如果虚拟现实硬件系统性能配置不够高或者软件性能优化不够好，都会导致虚拟现实内容体验的过程中出现较低帧率、较高延迟，进而让体验者感觉眩晕不适。随着未来 5G 通信和云计算技术在虚拟现实领域的应用，这种即时运算将通过 5G 连接云计算平台进行高性能运算，进而获得高质量的舒适体验。

与传统影视的观看方式有极大的不同，三维引擎虚拟现实是一种沉浸式体验。由于三维引擎虚拟现实是将体验者置身于数字三维空间之中，人们完全被周围三维立体化的虚拟现实环境所包围。他们可以在里面行走，也可以伸手去与虚拟对象进行交互，获得的是一种前所未有的身临其境的沉浸式体验。

三维引擎虚拟现实是一种自然交互。下图显示的是传统使用电脑的方式和在虚拟现实中与虚拟对象自然交互的方式。从图中可以看到，我们使用电脑的时候是坐在椅子上，运用键盘和鼠标，面对一个屏幕进行交互；而在虚拟现实中，我们可以自由行走，与对象进行自然交互。这种空间化的信息量和自然交互的方式，对传统电脑而言无疑是革命性的拓展。

传统使用电脑的方式和虚拟现实中与对象自然交互的方式

二、三维引擎虚拟现实与全景视频的区别

三维引擎虚拟现实与全景视频有着本质区别，如维度、清晰度和制作流程的区别。

第一，三维引擎虚拟现实与全景视频的维度存在区别。全景视频是二维的，三维引擎虚拟现实是三维空间化的。2D 视频没有深度，人们只能观看，不可以在里面行走；三维引擎虚拟现实是有空间化的三维数据，人们可以在虚拟世界里行走。

第二，三维引擎虚拟现实与全景视频的清晰度存在区别。全景视频有明确的分辨率，清晰度是固定的，距离太近就会变得模糊；三维引擎虚拟现实没有固定的清晰度，距离对象更近清晰度反而更高。随着虚拟现实终端硬件显示分辨率的提升，全景视频的清晰度会和以前一样保持不变，并不会因为显示设备升级了而变得更清晰；三维引擎虚拟现实则会在显示分辨率更高的虚拟现实设备上呈现出更加清晰的效果。

第三，三维引擎虚拟现实与全景视频的制作流程存在区别。全景视频是使用全景摄影机进行拍摄、使用全景缝合软件进行缝合、使用全景剪辑软件进行剪辑等流程制作而成；三维引擎虚拟现实是使用三维建模与动画制作软件及虚拟现实交互引擎制作而成。

三、三维引擎虚拟现实制作实现方式

三维引擎虚拟现实制作实现方式有两种：一种是传统的三维建模方式，另一种是激光扫描自动建模方式。

传统的三维建模方式是使用三维动画软件进行建模，使用虚拟现实引擎进行材质、灯光及即时渲染输出，进而在虚拟现实头显上呈现出清晰的效果。

激光扫描自动建模方式是使用专业的激光扫描自动建模设备对环境或人物进行激光扫描，获得环境或人物的三维点云模型，然后将三维点云模型进行优化获得可动画的中、低多边形模型，并将其导入虚拟现实引擎中，再使用虚拟现实引擎进行材质、灯光及即时渲染输出，最后在虚拟现实头显上呈现出清晰的效果。

第二节　三维引擎虚拟现实内容制作流程与制作工具

一、三维引擎虚拟现实内容的制作流程

1. 项目方案策划

项目方案策划是指根据项目的需求和现状，策划设计一种更合理、更科学、

更高效的虚拟现实项目执行方案。首先，根据不同的虚拟现实展示体验应用场景选择不同的虚拟现实终端平台；其次，根据终端平台选择合适的技术路线、开发流程；再次根据目标需求和终端的情况设定整体的体验目标、体验路线及大致的体验内容。

2. 制作脚本开发

制作脚本开发是指针对项目方案中体验目标、体验路线及大致的体验内容，开发出相对详细的虚拟现实内容制作脚本。脚本具体包括虚拟现实能够体验到的详细流程、交互的方式及需要制作开发的相关元素等。

3. 2D 美术设计

2D 美术设计是指根据制作脚本设计虚拟现实内容的整体视觉效果，具体包括 2D 角色设计、2D 道具设计、2D 场景设计、交互 UI 设计、特效设计等。

4. 三维模型制作

三维模型制作是指将前面设计的 2D 角色、场景、道具等，使用专业的三维软件（如 Maya）制作成三维模型。

5. 模型雕刻

对于模型细节要求很高的项目，在模型制作阶段还会涉及三维模型雕刻。模型雕刻是指使用专门的三维雕刻软件（如 ZBrush）进行模型结构和细节的深入刻画，以得到极为精细的角色模型细节。

6. 材质贴图

模型制作完成后，需要对模型进行材质贴图的制作。这时可以应用到一些专业的材质贴图软件（如 Substance Painter）进行高质量材质贴图的制作。

7. 三维动画

三维动画是指对已经制作完成三维模型和贴图的角色进行骨骼绑定和三维动画制作，以得到三维角色丰富的动作。

8. 引擎导入

三维引擎虚拟现实内容制作会涉及两个密切关联的环节：一是使用三维动

画软件制作三维模型、材质贴图及动画等三维美术资源，这个环节主要使用三维动画及辅助软件完成；二是使用三维引擎进行虚拟世界的搭建、光影的渲染及交互程序的开发，这个环节主要使用三维引擎软件完成。由于这是两个不同的软件平台，我们必须将三维软件制作完成的美术资源导入三维引擎中。引擎导入就是完成从三维软件将美术资源导入三维引擎的过程。

9. 引擎美术

引擎美术环节主要的工作内容是在三维引擎中，使用前面导入的美术资源进行三维世界的搭建、光照的设计、材质的设计等。这个环节主要由技术美术师（简称技美）在虚拟现实引擎中搭建一个让人信服的虚拟现实环境。

10. 引擎程序交互开发

引擎程序交互开发主要是指使用引擎对应的开发程序，对虚拟现实的交互方式进行程序设计，进而让虚拟现实内容能够根据体验者的交互产生对应反馈的工作环节。

11. 引擎特效制作

引擎特效制作主要是指在三维引擎中，使用专门的特效模块制作出虚拟现实环境中各种自然特效、人机交互特效、UI 特效等内容。

12. VR 终端测试反馈

VR 终端测试反馈是指将虚拟现实项目开发到具有一定可执行阶段的内容后，连接到终端进行身临其境的虚拟现实内容体验、测试，并触发和寻找一系列存在的问题，集中反馈给开发部门。

13. 调优

调优是指当 VR 终端测试反馈一系列问题后，针对这些问题进行深入的调整优化，以获得更合理、舒适的虚拟现实体验效果。

14. 打包输出

打包输出是虚拟现实内容开发的最后一个环节，即虚拟现实内容开发完成并测试优化后进行打包输出。这些内容可上线发布给消费者付费下载，或者给企业级合作用户完整的虚拟现实体验版本。

二、三维引擎虚拟现实内容的制作工具

在三维引擎虚拟现实内容的制作流程中，四个环节会涉及制作工具，分别是三维建模、材质贴图、动画制作、引擎开发。

1. 三维建模工具

在三维建模环节，我们会使用到一些工具，如 Maya 和 ZBrush。Maya 是一个三维动画制作工具，建模是其中非常重要的一部分。下图显示的是三维动画制作软件 Maya 的工作界面。

Maya 工作界面

在建模环节，如果我们需要制作出非常细腻的模型细节，一个非常重要的三维模型雕刻软件 ZBrush 会被使用到。ZBrush 是一个专门用于细节模型雕刻的软件，它可以雕刻出我们能想象到的几乎所有模型细节，如角色、道具、场景等。只要需要模型细节，ZBrush 都可以迎刃而解。下图显示的是模型细节雕刻软件 ZBrush 的工作界面。

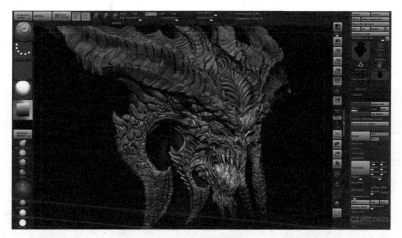

ZBrush 工作界面

2. 材质贴图工具

材质贴图是虚拟现实中呈现三维物体质感和纹理细节的重要来源。Substance Painter 是帮助我们制作高质量材质贴图的重要工具。下图显示的是材质贴图制作软件 Substance Painter 的工作界面。

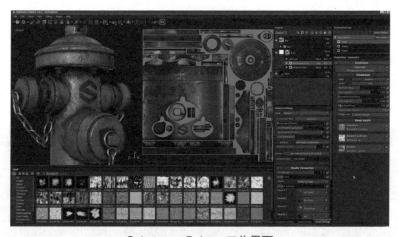

Substance Painter 工作界面

3. 动画制作工具

三维角色动画是虚拟现实世界中赋予角色生命的关键环节，更科学的动画制作技术和流程能够制作出更完美的角色动画效果。在三维动画制作环节中，我们通常使用两种方式来制作动画：一是在三维动画软件中手动制作关键帧动画，二是使用专业的动作捕捉工具进行真实人物动作捕捉的方式。下图显示的是使用动作捕捉设备进行真人动作捕捉的效果。

使用动作捕捉设备进行真人动作捕捉

4. 引擎开发工具

在虚拟现实开发过程中，必不可少的是三维引擎开发。三维引擎开发是将三维资源呈现到虚拟现实时空中最重要的工具。通常我们会使用专业的三维引擎 Unity 3D 或 Unreal Engine 4 进行虚拟现实内容的引擎开发。下图显示的是虚拟现实三维引擎开发工具 Unreal Engine 4 和 Unity 3D。

Unreal Engine 4

Unity 3D

总体来讲，对于开发虚拟现实内容而言，Unreal Engine 4 和 Unity 3D 都是非常成熟且出色的开发工具。它们也有各自的优势和短板，没有绝对的优劣之分。使用哪个引擎平台需要根据不同项目的不同需求及虚拟现实平台的综合性能指标进行合理的选择。

第三节 三维引擎虚拟现实代表作品

本节我们将介绍基于三维引擎的体验类虚拟现实代表作品《蔚蓝》（The Blu）。体验类虚拟现实作品是指戴上虚拟现实头显后，不需要复杂的交互，只需要站在原地就能直观地感受到身临其境的虚拟现实沉浸式交互体验的一种虚拟现实内容。这类作品的特点是体验目标明确，体验方式相对简单，甚至不需要交互。

《蔚蓝》由 Wevr 开发，发布于 2016 年 4 月 8 日，首发平台为 Steam VR 平台。《蔚蓝》是一个极具沉浸感的 VR 系列作品，能带领观众了解海洋的各式风貌，直面世界上某些神奇的物种，领略海洋的奇伟。该作品包含三个部分：《偶遇巨鲸》（Whale Encounter），在海底与地球上最大的生物的邂逅；《礁石移行》

（*Reef Migration*），见证海底珊瑚礁迁移的壮丽之景；《深海之光》（*Luminous Abyss*），坠入海洋的最深处去发现深渊中的斑斓。在《偶遇巨鲸》中，体验者将以难以置信的近距离与一条近 80 英尺的鲸鱼亲密接触。这已被公认为目前为止在一个房间大小内最具标志性的虚拟现实体验类作品，入选了 2016 年圣丹斯电影节。

偶遇巨鲸（*Whale Encounter*）

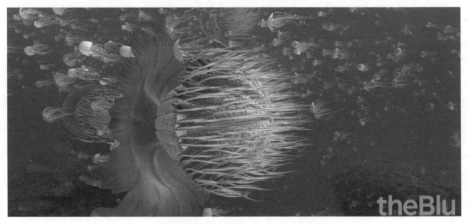

礁石移行（*Reef Migration*）

深海之光（*Luminous Abyss*）

第七章 虚拟现实全景视频经典作品赏析

在本章中，我们将从作品赏析的角度去了解一些比较有代表性的虚拟现实全景视频内容，包括内容形式相对单一的体验性全景视频、以实拍为主的叙事性虚拟现实全景纪录片和实拍与 CG 特效结合的叙事性纪录片。我们从中可以找到一些虚拟现实全景视频独有的艺术特征和创作方法。

第一节 内容形式相对单一的体验性全景视频

本节我们将通过一段委内瑞拉安赫尔瀑布全景视频和一段美国蓝天使战机飞行编队表演全景视频来了解这种内容和形式相对单一的体验性全景视频的内容表现方式、艺术特征和创作方法。

一、委内瑞拉安赫尔瀑布全景视频

委内瑞拉安赫尔瀑布全景视频（*360°*，*Angel Falls*，*Venezuela*，*Aerial 8K video*）由俄罗斯 10 位摄影爱好者和专家组成的全景视频拍摄团队 AirPano 拍摄制作，2017 年 4 月发布于 YouTube360 度全景视频频道，发布格式是 8K 360 度视频。该视频的内容表现方式非常简单，采用无人机航拍的方式：一个完整的镜头从安赫尔瀑布的底部缓缓升起，穿过云层来到山顶，然后再从山顶缓缓下降穿过云层回到山下，中间穿插三个延时拍摄镜头。虽然内容表现方式简单，但由于是 8K 全景视频，结合无人机沿着落差高达 979 米的悬崖瀑布缓缓升起，看到飞流直下近千米的壮观瀑布和周围一望无际的壮阔森林。那种甚至近乎蹦极一般的身临其境的极致体验让人难以忘怀。截至 2019 年 5 月，该视频的用户点击观看量已经超过 700 万次。

下面，我们来详细了解一下由 AirPano 团队拍摄制作的委内瑞拉安赫尔瀑布全景视频的细节内容。

首先，我们如同坐在平稳的直升机上缓缓地升起。但是直升机是不存在的，我们此时就变成了缓缓升起的直升机。在全景视频中，我们稍微低头就可以看到瀑布的底端，如下面左图所示；我们抬头就能看到高耸入云的山峰和飞流直下的瀑布，如下面右图所示。

通过 VR 设备看到的视频效果

上面两幅视频截图是在 VR 视角下看到的画面。在 VR 视角下，我们只能同一时间看到全景视频的一个角度。下图则是在全景视频展开的模式下看到的整个视频的画面效果。对比上图可以发现，我们在 VR 模式下看到的仅仅是其中很小的一部分；如果回头看后面，能看到远处一望无际、连绵起伏的森林。

全景视频展开模式下看到的完整画面

接下来，我们平稳地上升，低头俯视可以看到脚下的溪流正离我们慢慢地远去，周围是一望无际、连绵起伏的群山和茂密的森林，蔚蓝的天空中飘浮着片片白云，如下图所示。

VR 模式下俯瞰地面和环顾周围看到的景象

我们继续平稳地上升，仰望着从云层中飞泻而下的瀑布。随着直升机的逐步升高，我们开始头顶着白云，并缓缓地飞入云层，如下图所示。

在直升机带动下我们缓缓地深入云层

我们继续上升穿过云层，看到了一片峭壁，终于来到了山顶。这时，我们已经向上飞升了 979 米，穿越了这座世界第一落差的绝美瀑布。

穿过云层来到山顶

转身环顾四周，我们仿佛置身云端，群山朝远处退去，云层在身边萦绕。这种云端漫步的身临其境的感受只有通过 VR 这种科技手段才能逼真地呈现，才能让人如此深刻地铭记。因为这种体验以常规的方式几乎是不可能实现的。即使我们有幸搭乘直升机，坐在机舱中，听着隆隆的马达声，透过窗户观看，与这种安静、舒适而安全的体验，依然是不能相提并论的。更重要的是，这种体验只需要戴上一套 VR 眼镜，就可以随时随地进行。

置身云端环顾周围遥望天际的美景

下图是在全景画面展开后看到的整体效果。从图中可以看到，当我们穿越云层的时候，周围完全被云雾所围绕。穿过云层，可以看到一望无际的天边和广阔的群山。

在云端全景展开后看到的整体画面

接下来，最刺激的时候就要到了。当我们飞升到山顶环顾四周的风景后，将从瀑布的源头飞越出去，并在瀑布边的千米悬崖飞落直下，如下图所示。

从瀑布边的千米悬崖飞落直下

在飞落的过程中，我们能够看到半空的云层扑面而来，陡峭的悬崖在身边退去，稍微俯身能看到万丈深渊，让人不寒而栗，如下图所示。

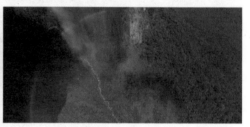

继续从瀑布边的悬崖飞落直下看到的景观

下图是悬崖飞落直下的过程中全景画面展开后的整体效果。从图中可以看到，我们将俯冲穿越云层，完全被云雾所包围。

俯冲穿越云层的全景展开画面

我们继续从悬崖飞落，俯冲而下穿过云层，看到瀑布的全貌和一望无际的原野，如下图所示。

瀑布全貌和一望无际的原野

这是一个短短 6 分钟的 VR 全景视频，但我们不是在看，而是在体验。体验一种以直升机的方式飞越千米瀑布，体验一种云端漫步、置身仙境及舍身跳崖的感受。这种感受显然不是普通的视频能够实现的，这种体验就是 VR 所独有的。虽然这段视频的拍摄形式相对单一，但是 VR 全景视频却真实地还原了现场雄伟壮观、险峻逶迤的自然景观。这种真实的还原及身临其境的体验，给用户带来的真实感受是任何 4K、8K 乃至 16K 的传统视频拍摄无法企及的，这就是虚拟现实。

二、美国蓝天使战机飞行编队表演全景视频

美国蓝天使战机飞行编队表演全景视频（*Experience the Blue Angels in 360-degree video*）由今日美国报社制作，2015 年 11 月发布于 YouTube360 度全景视频频道，发布格式是 4K 360 度视频。截至 2019 年 5 月，该视频的用户点击观看量已经超过 1000 万次。

这是一段表现美国蓝天使战机飞行编队进行飞行表演的全景视频。在拍摄过程中，全景摄影机被安装在前面飞行员的座椅上方，因此我们的视点位置可以看到前面的飞行员头盔和后面的飞行员胸以上的部分，下图分别显示的是在正前方和正后方看到的内容。此外，还能看到左前方准备同步起飞的战机。

视频正前方和正后方的画面

下图是战机在跑道上准备起飞时看到的全景视频展开后的完整画面。除了视线正前方和正后方的飞行员,我们还能从图中看到左右两边机场的整体环境。

战机准备起飞时全景视频展开画面

战机开始发动,起飞升空。通过全景展开画面我们能够看到,左前方有 3 架战机相伴飞行,后面的飞行员拿着手机在自拍。(难道他不是飞行员,而是 VR 摄影师,顺便记录下这个难忘的经历?)

战机起飞升空后全景视频展开画面

　　战机保持平飞，然后调整队形，让我们所在的这架战机处于前面3架战机编队的正后方。下图是此时的全景视频展开画面，我们从中能看到完整的画面内容，但由于球状展开后的画面变形，我们无法准确地判断相互之间的空间位置关系。

调整队形后的全景视频展开画面

　　下图是在VR视角下的视频截图，从中我们可以清楚地判断4架战机之间的相对位置。我们处于前面3架战机的后下方，而且相互之间的距离非常靠近。上面的展开图中显示的是3架战机在我们的前方，这就是展开图变形后给我们带来的误判。

调整队形后VR视角下准确感知战机之间的相对位置

　　当4架战机保持相对稳定的队形后，飞行员们开始步调一致地调整战机的飞行姿态。下图显示的是战机编队统一向上拉升飞向天空的状态。

战机编队统一向上拉升时的全景视频展开画面

下图是在 VR 视角下看到的画面。其中，左图为战机的正前方，看到 4 架战机齐头并进飞向天空；中图显示的是战机的正后方，看到战机拔地而起的刺激场面，还能看到战机脱出的尾烟；右图是透过战机的右侧舱窗玻璃看到右侧近处略靠右前方的队友战机的侧面效果。

VR 视角下从正前方、正后方及右前方看到的画面

当战机编队向上拉起后，整体向后翻身，然后向地面俯冲。下图显示的是在 VR 视角下战机翻身倒飞时正前方和右前方的画面状态。左图中天空在下方，陆地在上方，这是明显的战机倒飞现象；右图显示的是右侧飞机处于上下翻转的倒飞状态。

VR 视角下从正前方和右前方观看处于倒飞状态的战机画面

下图显示的是战机编队处于倒飞状态时全景视频展开画面。

战机编队处于倒飞状态时全景视频展开画面

接下来，战机编队开始侧飞。下图显示的是战机编队侧飞时全景视频展开的画面效果。我们能看到地平线扭曲成了 S 形，飞机平面与地平线形成了一个较大的夹角。

战机编队侧飞时全景视频展开画面

下图显示的是战机编队侧飞时从 VR 不同视角看到的画面。其中，左图为战机正前方视角，战机编队处于明显侧飞状态；右图为战机正后方视角，能看到飞机机翼与地平线的明显夹角。（后面的人整个过程都在用手机拍摄视频，完全没有任何操控飞机的迹象，很显然他不是飞行员，而是 VR 摄影师。）

战机编队侧飞时 VR 正前方视角和正后方视角的画面

由于篇幅限制，我们不对完整的视频进行详细描述。但是，通过前面的内容，我们已经能够感受到通过 VR 全景视频的方式，置身战机机舱之中，身临其境地体验一场上天入地、惊险刺激的战机编队飞行表演。当我们身处战机编队中，拔地而起飞向天际、上下颠倒高速倒飞、翻身急驰俯冲地面的时候，那种刺激与惊险一定让体验者印象十分深刻。如果没有这样的技术，对于我们这些普通人来讲，要坐到战机的机舱中去体验一场战机编队飞行表演，那就是梦想，而虚拟现实就是能够让我们梦想成真的技术。

第二节　以实拍为主的叙事性虚拟现实全景纪录片

如果说第一节讲述的是内容形式相对单一的体验性全景视频，那么本节我们将了解虚拟现实全景视频如何实现像传统视频一样镜头间相互组接及讲述故事。也就是说，在第一节中，我们看到的主要是相对固定的机位和相对不变的内容。在拍摄的时候，将全景摄影机绑定到直升机上，或者绑定到飞行员座椅上。任凭飞机飞翔，我们看到的是一个相对固定的镜头去拍摄没有太大变化的内容。本节我们将通过两个全景视频案例了解全景视频的组接和叙事。

一、《南极洲 – 不期而遇的雪》

《南极洲 - 不期而遇的雪》（*Antarctica-Unexpected Snow*）由美国国家地理拍摄，2016 年 10 月发布于 YouTube360 度全景视频频道，发布格式为 4K 360

度视频。该视频主要表现了南极洲埃雷拉海峡下雪时的情景。

当我们戴上 VR 设备打开这个视频，发现自己置身于一艘科考船的甲板上，船在南极洲埃雷拉海峡中穿行，海面上漂浮着许多冰块，灰蒙蒙的天空中飘着大片的雪花。字幕先后在 3 个不同的方向淡入淡出显示：美国国家地理杂志标识、南极洲埃雷拉海峡、在南极洲夏天也会下雪。下图是从 VR 视角看到的画面：左图显示的是科考船船头向前看到的南极洲埃雷拉海峡海面和远处云雾中的群山，右图显示的是从我们的位置向后方略俯视看到的科考船的甲板和远处退去的海面。

科考船上 VR 视角看到的画面

下面是全景视频展开画面，我们能看到 3 个相同的字幕，均等地分处于地平线上方的 3 个角度。这是为了确保体验者在任何一个水平方向都能够有效地看到字幕内容。

科考船上的全景视频展开画面

接下来，我们换乘皮划艇，穿过小碎块的浮冰向岸边驶去。右侧的不远处是悬浮的巨大冰山，冰山水下的部分通过海水的折射透出幽蓝而神秘的光。下图显示的是从 VR 视角看到我们乘坐的皮划艇及右边不远处的冰山。

皮划艇上 VR 视角看到的画面

下图是在皮划艇上拍摄的全景视频展开的画面。除了上面两个视角以外，我们还能在全景视频展开画面中看到远处覆盖着冰雪的连绵起伏的群山，也能看到成片的冰山在我们左右两边向后退去。

皮划艇上的全景视频展开画面

接下来，切换到跟拍皮划艇及科考工作人员的角度。如下图所示，全景摄影机的机位处于皮划艇右侧偏后 5 米左右的位置。我们在 VR 视角的左前方能看到向前开动的皮划艇和上面的工作人员。我们的右前方是巨大的冰山，擦身而过，触手可及。由于距离很近，我们能清晰地看到冰山的细节质感及山体中透出幽幽的蓝光，一种略带神秘和危险的感觉油然而生。

从跟拍皮划艇的位置 VR 视角看到的前方和侧方的画面

　　下图是在全景视频展开后看到的画面效果。从中我们可以看到画面中间那座巨大的冰山，以及冰山浸没于海水中的部分发出的神秘、幽蓝的光，其下是深不见底的冰与海的世界。

跟拍皮划艇的全景视频展开画面

　　接下来，我们来到岸边，以坐在地面的视角观察周围。正前方是一望无际的大海，岸边停靠着 3 艘皮划艇，字幕显示"在岸边，一只小海象面对陌生人一点儿都不害羞"。同时，一根黄色的引导线动态地指向下方的一只海象。

岸边 VR 视角不同角度看到的内容

　　下图显示的是岸边全景视频展开画面。除了上面视角的内容以外，我们从中还能看到海边远处延绵的雪山，朝我们走过来的考察队员，以及远处的考察队员等更多的信息。

岸边的全景视频展开画面

　　接下来，我们置身于企鹅群中，被一群吵吵闹闹的企鹅所包围。它们完全无视我们的存在，毫无顾忌地吵架、打闹、扇动翅膀、秀恩爱。它们就在我们的面前，触手可及。下图是 VR 视角看到的正前方和右侧的画面。

企鹅群中 VR 视角看到的画面

下图是企鹅群的全景视频展开画面，可以看到远处延绵不绝的企鹅，以及巍峨的雪山和广阔的海洋。

企鹅群的全景视频展开画面

由于篇幅所限不能对整片详细讲述，但是通过《南极洲 - 不期而遇的雪》这部短小的纪录片，我们能够受到一些启发：第一，虚拟现实全景视频可以像传统电影一样切换视角；第二，全景视频可以像传统电影一样进行镜头组接产生蒙太奇效果；第三，全景视频能够展现的内容更加丰富和完整，实现全方位覆盖。

二、《熊猫宝宝》

《熊猫宝宝》（*Baby Pandas*）由美国国家地理野生频道拍摄，并于2017年10月发布，发布格式为4K 360度视频。该视频由美国国家地理杂志的专业摄影师在我国四川成都熊猫繁殖研究基地拍摄制作而成。

当我们戴上VR设备进入这段全景视频，发现自己置身于动物园。在距离我们大概5米左右的前方，有一只可爱的熊猫在树干上玩耍，那种憨态可掬的样子让人忍不住想过去抱抱。我们转身看到身后好多观众拥挤在栏杆边上，"使劲"地观赏着国宝，并用手机、相机"拼命"地拍摄熊猫宝宝。当然，我们感觉自己也被拍摄和观赏了。

动物园中 VR 视角看到的画面

下面是动物园全景视频展开画面。通过全景可以看到人山人海的景象，画面中心是一只熊猫。

动物园的全景视频展开画面

接下来，我们就像一位熊猫养殖专家一样可以跟熊猫宝宝一起玩耍了。首先，我们置身于熊猫园，坐在草地上，一只熊猫宝宝就在我们身边不到一米的地方，一边打滚儿，一边双手拿着一根枯枝在不停地咬。（它们是在用树枝磨牙吗？）抬头一看，不远处草地上还有几只熊猫宝宝在打滚儿，树干上有两只熊猫宝宝在进行攀爬比赛和枝头表演。

置身于熊猫园中

我们走到两只正在玩耍的熊猫宝宝旁边，看它们如何玩萌宠版的摔跤。左边的熊猫宝宝略大一些，显然在摔跤方面占据优势，轻而易举地把右边的熊猫宝宝扑倒，被扑倒的熊猫宝宝发出"咿呀！咿呀！"的求救声。

熊猫宝宝在摔跤

下面看到的熊猫宝宝实在太小了，看起来好像毛都没有长齐全。熊猫宝宝正在学习抱树，注意是抱树而不是爬树，因为它太小了，连树干都抱不稳当，更没有爬树的力量。

熊猫宝宝在学习抱树

　　另一只大一些的熊猫宝宝爬上了一棵长满绿叶的树，它努力地伸手去抓取一根树枝。

熊猫宝宝在爬树

　　熊猫宝宝要喝奶了，养殖人员端来了一个装满奶瓶的盆。我们拿起一个奶瓶，蹲下身来，递给地上躺着的一只熊猫宝宝。熊猫宝宝双手抓过来，仰面朝天津津有味地喝起牛奶。

熊猫宝宝在喝奶

　　还记得前面两只摔跤的熊猫宝宝吗？被扑倒在下面的那只熊猫宝宝发出求

救信号，被养殖员发现。养殖员快速走过去，把两只抱在一起的熊猫宝宝拉开了。（告诉它们，"小朋友"要和谐相处，不要打架！）

养殖员拉开摔跤的熊猫宝宝

最后，我们再来看一下每位观众都想做的事情——"熊抱"熊猫宝宝，下图演示了完整的过程。

"熊抱"熊猫宝宝

虚拟现实全景纪录片《熊猫宝宝》的内容较为丰富，涉及的镜头和元素较多，传递的信息量也很大。总体来讲，就是近距离观察熊猫宝宝的日常活动，以及体验饲养员在照顾熊猫宝宝过程中的一些细节。我们可以从虚拟现实全景视频制作的角度受到一些启发：第一，当叙事对象相对明确集中后，当我们视点中心都集中在对象上时，拍摄位置的变化不会打断观众的体验，反而会丰富体验；第二，一个镜头表达一个相对完整的事件过程是必要而有益的；第三，虚拟现实的临场感显著地拉近了体验者与拍摄对象的距离，真正能够做到给体验者带来触手可及的冲动。

第三节　实拍与 CG 特效结合的叙事性纪录片

本节我们将了解在制作技术上难度较大的虚拟现实全景视频内容——实拍与 CG 特效结合的叙事性纪录片。本节内容与前面两节内容最大的区别在于制作技术上使用了电脑 CG 特效，使得一些实拍无法表现的内容通过电脑 CG 特效的方式表现了出来。但是，这不是传统视频的特效表现，而是虚拟现实全景 CG 特效的表现。这在技术实现和表现效果上都有了极大的不同，让人们体验到一种身临其境的特技表达。

一、《战舰世界：英国贝尔法斯特号巡洋舰》

《战舰世界：英国贝尔法斯特号巡洋舰》（*World of Warships：HMS Belfast 360° VR Experience*）由 Wargaming Europe 公司制作，并于 2016 年 10 月发布。该视频以实景拍摄和电脑 CG 特效制作相结合的方式较全面地展现了英国贝尔法斯特号巡洋舰。贝尔法斯特号曾经是英国海军历史上最先进的巡洋舰。实景拍摄的部分表现了今天贝尔法斯特号巡洋舰甲板和内舱的整体情况，电脑 CG 特效的部分将我们带入历史上曾经发生的海上战争——英国贝尔法斯特号巡洋舰追捕德国海军沙尔霍斯特大型炮舰。

首先，我们置身于一望无际的海洋，前方是巨大的战舰——贝尔法斯特号巡洋舰。战舰上方有其各方面的参数。

全景视频展开画面

在全景视频的 VR 视角，我们能够看到一艘巨大的铁甲战舰在前方。战舰的前方用黄色标识出两个三管炮台。转头看向船尾，可以看到也有一个黄色标识的三管炮台。战舰的上方有一个悬空的表格，显示出战舰的相关属性和战斗能力数值。这个全景镜头由电脑 CG 特效制作。

VR 视角观看到的战舰整体效果

接下来，我们置身于真实世界中的贝尔法斯特号巡洋舰的观景台，前方就是船首的两个巨大的三管炮台。主持人在身边给我们讲解贝尔法斯特号巡洋舰的强大战斗力和过往历史。转过头去，战舰的前方是城市建筑。

战舰观景台 VR 视角看到的不同内容

下图是全景视频展开画面，我们能够看到更全面的信息。在主持人的旁边，还站着另外一位助手，配合主持人进行战舰信息的补充。

战舰观景台 VR 全景视频展开画面

下面，我们看到的是使用电脑 CG 特效的方式制作的关于战舰各主要战斗装备的相关属性和参数描述。这些描述悬空分布于装备附近的不同角度，以便我们在不同方向观看。

电脑 CG 特效制作的战舰装备属性说明

接下来，我们再次置身一望无际的大海，前方的战舰动力舱被亮色标识出来。

战舰置于大海中全景视频展开画面

现在，我们置身于战舰的动力舱，可以看到内部极为复杂的结构。主持人和搭档分别位于我们的前方和左下方，他们相互打招呼吸引我们的视线和注意力，然后分别讲解不同装备组件的功能。

战舰动力舱中 VR 视角观看到的主持人和搭档

下图是在全景视频展开画面中看到的舱室中的整体情况。

战舰动力舱中全景视频展开画面

再次回到海面，通过 VR 视角我们能够看到绿色标识和引导线为战斗装备控制系统，其中重点集中到战舰前部的三管炮台供弹装备。

VR 视角看到的战舰战斗装备控制系统

接下来，我们置身于三管炮台供弹舱，主持人抱起一颗炮弹放置到供三管炮台的弹药装填口，如下图所示。

三管炮台供弹舱

下图显示的是供弹舱中另一个提供炮弹的位置，炮弹在轨道上有序地排列，主持人抱起炮弹放入装填口。

VR 视角下的弹药供给处

最后，我们再回到战舰的甲板上，看到远处高高扬起的三管巨炮和身后粗大的锁链，感受这艘英国海军曾经最先进的巡洋舰，感受它的历史，感受它的力量。

战舰三管巨炮和锁链

二、《拉玛劳海龙：虚拟现实中的复活》

下面，我们将体验到的是由谷歌艺术与文化频道和伦敦自然历史博物馆联合制作的全景视频《拉玛劳海龙：虚拟现实中的复活》（*Rhomaleosaurus Sea Dragon: Back to life in 360° VR*）。该作品发布于 2016 年 9 月。在这个作品中，我们将置身于伦敦自然历史博物馆，遇到史前海龙拉玛劳，因为它在眼前恢复了生命。看着这只海洋爬行动物于它死后的 1.8 亿年在画廊里漫步，看着它的肌肉、运动和皮肤纹理，看着它张开大口吞掉海鱼。一个穿越上亿年时空的海底世界即将在我们身边呈现。

首先，我们来到伦敦自然历史博物馆的一个海底生物化石展厅中，能够看到展厅墙上展示着各种各样的海底生物化石，如下图所示。

海底生物化石展厅在同一镜头中的不同方向看到的效果

当我们通过解说了解到整个化石展厅布局后，希望知道每一个化石所代表的动物。这时，空中浮现出不同化石对应的远古生物的图片，如下图所示，两个画面分别显示了展厅通道前方和后方墙面化石所对应的远古生物图片。这样我们就可以清楚地了解到远古生物的外形和它所形成的化石。

空中浮现出不同化石对应的远古生物的图片

如果我们对化石的图片还停留在比较表面化的认识，那么接下来的内容就会带来一种史无前例的体验。我们以下面左图中这只拉玛劳海龙为例，大家可以看到它的名字及其长达 7 米。接下来，神奇的事情发生了——展厅充满了海水，水泡在水中漂浮，荡漾的水光从天棚上投射下来，整个展厅浸没到了远古海洋之中，如下面右图所示。

海水覆盖了整个展厅

环顾四周，我们会看到自己完全沉浸在海底世界。下图显示的是全景视频的展开效果。

展厅全景视频展开画面

接下来，我们看到拉玛劳海龙的化石上慢慢地长出了肌肉，覆上了皮肤。然后，它摇摇头活了过来，舒展了一下四肢，用力从墙壁上跳下来。

拉玛劳海龙从墙壁上跳下来

接下来，庞大的拉玛劳海龙朝我们游了过来，还张开一米多长的大嘴，嘴里露出两排锋利的牙齿，汩汩的水泡漂浮到我们面前。（看起来有点儿吓人！它不会咬我们吧？）

拉玛劳海龙张开大嘴游过来

目前，拉玛劳海龙似乎还没有要咬我们的迹象。它只是张开了嘴，露出了锋利的牙齿，然后轻轻地划动四肢，轻盈地与我们擦肩而过。

拉玛劳海龙与我们擦肩而过

想象一下，7米长的庞大身躯与我们擦肩而过是什么感受？海龙并没有停下来，而是游向了远处。这时，一条石斑鱼从我们身后游了出来。

拉玛劳海龙游向远处，石斑鱼游了出来

拉玛劳海龙似乎嗅到了食物的味道，从远处转身，朝我们这边张望，那条石斑鱼并没有感觉到危险。拉玛劳海龙从远处猛地冲了过来，张开大口，将我们身前不到一米处的石斑鱼一口咬住，然后吞了下去。拉玛劳海龙硕大的脑袋在我们眼前摇晃。

拉玛劳海龙吞食石斑鱼

拉玛劳海龙好像意识到了我们的存在，把头转向我们，眯着小眼睛上下打量着。这时又有一条鱼游了出来，看到拉玛劳海龙的存在，赶紧游向远处。拉玛劳海龙视线离开了我们，转身向那条鱼游去，转眼间，可怜的鱼又被它生吞了。

拉玛劳海龙打量着我们然后转身去追另一条鱼

拉玛劳海龙吃了第二条鱼后，缓缓地游向远处。海水慢慢地退去，展厅恢复了原貌，拉玛劳海龙的化石依然在墙壁上。但我们的思绪却还久久地停留在远古的海底，回味着拉玛劳海龙在我们身边游荡的震撼。

展厅恢复原貌

接下来，所有化石的照片都散布在展厅之中。我们的前方有小丑鱼、八爪鱼、海龟，我们的身后有海象、鲨鱼、鲸鱼，等等。各种各样的海底生物都浮现出来，如果对哪一种海底动物有兴趣，就可以去开启并探索关于它的冒险之旅。

各种化石的图片悬浮在展厅中

通过欣赏全景视频《拉玛劳海龙：虚拟现实中的复活》，我们可以了解到传统展示与虚拟现实展示所呈现出来的不同效果。虚拟现实借助三维动画及电影特效制作技术，可以逼真地呈现任何真实或者想象的世界。《拉玛劳海龙：虚拟现实中的复活》就是使用这种技术让人们从现在的展厅穿越到了远古的海底世界，并身临其境地感受了一场史前巨兽拉玛劳海龙在海底捕食的壮观场面。这种逼真的体验直达人心，让人们久久不能忘怀。

第八章　虚拟现实体验类作品赏析

虚拟现实体验类作品主要是指以一种相对较浅层次的体验方式，去感受多种类的比较有代表性的虚拟现实内容，从而去认识和感知虚拟现实未来在各种领域潜在的发展空间。这种体验过程通常不会涉及太复杂的操作、体验或内容，其核心目标是体验、感知、了解及思维拓展，进而打开体验者对虚拟现实的想象空间。

在本章中，我们将接触三部分体验内容。第一部分是以虚拟现实作品《实验室》为例，全方位地体验和认识虚拟世界，其中分为三类内容：第一类是风景、地貌体验，第二类是游戏关卡体验，第三类是医疗和天体类体验；第二部分，未来世界体验，包括两个具有代表性的体验内容——未来战场体验和未来机器人维修；第三部分，虚拟世界的童话之旅，重点体验 Oculus 的开场体验作品 *First Contact*：*Oculus Touch Demo*。

第一节　以《实验室》为例全方位体验虚拟世界

《实验室》(*The Lab*)是美国 Valve 公司研发的一个系列虚拟现实体验作品。该作品作为 2016 年 HTC Vive VR 设备的 Demo 演示内容，同硬件一起免费赠送，展示了虚拟现实应用在科技、文化、旅游、医疗、航天、游戏等领域发展的广阔空间。《实验室》作为虚拟现实硬件的教科书式的引导性体验，能够有效地帮助体验者认识虚拟现实的各种应用场景，启发更多的人投身到虚拟现实这个未来发展空间无限广阔的全新领域。《实验室》是虚拟现实体验内容的标杆性作品，是开启虚拟现实在各行业应用的经典案例。下面左图显示的是《实验室》的开始界面，右图显示的是使用瞬移面板移动到绿色光标所指示的位置。

《实验室》的开始界面和移动标示

一、风景、地貌体验

首先，我们进入《实验室》的风景、地貌区域，去体验一些独特的景观。我们可以用手柄拿起下图显示的魔法球，将它放到我们的眼前，就可以进入魔法球里面的世界。

《实验室》中具有定位功能的魔法球

1. 美国华盛顿州的黄昏峰

我们首先进入的是美国华盛顿州的黄昏峰（Vesper Peak）。如下图所示，我们进入了时空跳转的环节，看到前方出现了下面左图所示的界面——Vesper Peak，正在加载中……加载完毕后，我们就来到了黄昏峰。如下面右图所示，我们站在群山之巅，目之所及是蓝天白云和一望无际的山川，想坐下来好好地享受一下美好的风景。（"没问题，你可以坐下来，坐在地上慢慢看。"我通常会这样告诉体验者。）这一切看起来和真实世界几乎一模一样。确实，身临其境就是这个意思，虚拟现实也就是这个意思。（我们显然已经可以在虚拟现实中去世界各地旅游了，对吧？是的！现在是，以后更加是！）

加载并进入黄昏峰

我们低头可以看到自己站在一块大石头的平台上，身边还有一只神奇的电子狗蹦蹦跳跳的。我们俯身用手柄拾起一根树枝，然后将树枝扔出去，电子狗就飞快地跑去追逐树枝。

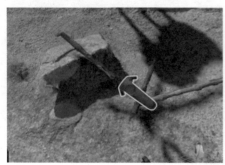

俯身拾起树枝

我们能够看到电子狗朝扔出去的树枝方向跑去。然后，电子狗叼起树枝跑回我们身边，将树枝放到我们脚下。

电子狗跑去叼回树枝

我们可以俯下身去，伸手用手柄抚摸小狗，小狗欢乐地在地上打滚儿。

伸手抚摸小狗，小狗欢乐地打滚儿

我们还可以使用瞬移面板，将移动目标指向到下面左图所示的绿色图标指示区域。然后，我们就可以瞬间移动到绿色图标的位置，如下面右图所示。

使用瞬移面板移动到绿色图标的位置

我们使用瞬移面板还可以来到山峰的侧面，看到更加逶迤但有点儿危险的风景。远处是一望无际的延绵群山，山谷中有碧绿的高原湖泊，如下面左图所示。站在山崖边，看着身边刀削一般的陡峭悬崖峭壁。低头看到的是数百米高的山崖，山崖里还有皑皑白雪，如下面右图所示。有恐高症的同学此时基本已经双脚发颤、冷汗淋漓。（这确实是很多体验者的真实感受，他们会说"太高了！太吓人了！"）这种体验感受显然是传统视频不可能达到的。

从山峰侧面看到的画面

我们也可以通过瞬移的方式从山峰侧面回到平地，如下面左图所示。然后，我们可以用手柄上的菜单按钮唤醒水晶球，拿起水晶球放到眼前就可以回到实验室，如下面右图所示。

从山峰侧面回到平地，拿起水晶球回到实验室

2. 威尼斯民居

我们再去威尼斯看看那里的民居建筑风貌。我们可以参考下面左图箭头所指的位置，将电插销插在威尼斯民居照片下面的插孔中，然后拿起水晶球放到眼前，就可以去观察威尼斯民居了。

将电插销插到威尼斯民居照片下，拿起水晶球

现在，我们发现自己已经置身于一个威尼斯民居的小院子。这是一个用石头砌成的小广场，周围是砖砌的红色、黄色及灰色的墙壁和民居建筑。

来到威尼斯民居

我们可以在广场上来回走动，或者是俯身坐在地板上，也可以用瞬移面板移动到任何你想去的地方，如下面左图所示。我们也可以抬头看到蓝天、白云和色彩鲜亮的建筑，如下面右图所示。这就是威尼斯民居的小院子，如此真实，近在咫尺，触手可及。

威尼斯民居的小院子

3. 熔岩管道

我们下面要去的是一个熔岩管道。熔岩管道是一种特殊的地质特征，是在熔岩流内部自然形成的管道。当液态的熔岩流流动时，由于表面冷却较快，形成固体硬壳。在表层硬壳的保温作用下，其内部温度高、流速快，从而形成管道。

首先，我们需要将电插销连接到熔岩管道照片下面，如下面左图所示。然后，我们拿起水晶球放到眼前，就可以进入熔岩管道，如下面右图所示。

更换电插销进入熔岩管道

由于熔岩管道上部有空洞，冬天下雪掉入管道中，厚厚的积雪没有融化。我们还能够看到脚下有许多形状各异的暗红色碎石块。

熔岩管道中的积雪和碎石

我们同样也可以在管道中随意走动，或者使用瞬移面板将自己传送到任意想要去的位置。抬头向上看，我们还能看到透过管道顶部的洞口飘落进来一些绵绵细雨。

使用瞬移面板移动和顶部洞口飘落的细雨

4. 草原火山渣堆

我们接下来要去体验的是冰岛国家公园的草原火山渣堆。首先，我们需要做同样的事，将电插销插到草原火山渣堆照片下面的插孔中，然后拿起水晶球放到眼前，就可以来到草原了。

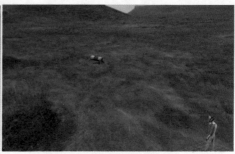

进入草原火山渣堆

当我们来到草原后，能够看到电子狗也在那里。它看到了我们，然后跑了过来，我们又可以在草原上遛狗了。

草原遛狗

我们可以在草原上踱步，也可以坐在地上慢慢地欣赏草原的风景。当然，也可以瞬移自己，去自己想去的地方。这里有草，有野花，还有草原火山渣堆。

在草原上自由地走动或瞬移

下图显示的是草原边上的火山渣堆，这些独特的草原火山渣堆是长时间地貌变迁遗留下来的痕迹。

草原边上的火山渣堆

二、游戏关卡体验

接下来，我们将进入游戏关卡体验环节，即两个不同的游戏关卡：弹弓（Slingshot）和长弓（Longbow）。

1. 弹弓

首先，我们进入弹弓关卡。本关卡的任务是利用核心校准弹弓瞄准远处那些仓库中堆叠起来的箱子，发射炮弹去炸毁光圈科技储藏在附属仓库中的所有箱子。

在这里，我们可以通过拉动弹弓，瞄准目标，发射球体进行"破坏"。开局时赠送 5 个球，每个球都有不同的爆炸效果，有的球还会说话，将越多的箱子打落深渊得分越多。如果没打准也不要着急，上一个球的残像会帮助我们进行更好的校准。"破坏"的秘诀是瞄准并打中那些红色的汽油桶，它们会带来威力巨大的爆炸。

下面左图看到的是弹弓关卡的水晶球，不要迟疑，拿起来靠近眼睛。下面右图是进入弹弓关卡后面前的弹弓底座和旁边滚动的爆炸球。

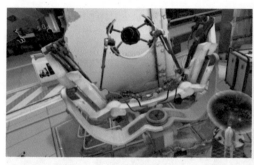

进入弹弓关卡

接下来，我们可以拉动弹弓，然后瞄准目标。我们需要注意瞄准目标的时候和真实世界的三点一线的原理一致，拉着弹弓的时间越长，积蓄力量越足，爆炸球飞行轨迹越直。

拉开弹弓瞄准目标

当我们瞄准目标后，拉紧弹弓，发射！爆炸球会沿着下面左图箭头所示的轨迹向目标飞去。如果击中目标尤其是红色的油桶，就会激发大爆炸，发出下面右图所示的巨大破坏效果。

爆炸球沿着箭头所示的轨道飞向目标点，击中目标爆炸

2. 长弓

在长弓关卡中，我们需要将长弓射箭技术发挥到极致来保卫自己的城门，抵抗那些暴走却可爱的部落战士（黑色纸人）的疯狂攻击。

当我们来到实验室如下面左图所示的位置后，拿起水晶球放到眼前，就可以进入长弓关卡。然后，我们可以看到如下面右图所示的平台，平台上有个城堡。要想开始游戏，得先进入城堡，方法就是触碰城堡上的那个小人。

进入长弓关卡

进入城堡后，我们需要先拿起弓，自动是左手弓、右手箭，摆好架势开战，如下面左图所示。然后，我们会看到远处有一个头顶牛角帽的小黑人，在跳舞并挑衅我们，如下面右图所示。

拿起弓箭瞄准射击

我们当然是不能接受的。于是，瞄准它，射中小黑人，变出红色气球，如下面左图所示。小黑人被我们射没了，后面山上的小黑人们急了，去攻击城门，如下面右图所示。城门被攻破的话我们就会失败了，一场殊死之战就此拉开序幕。

挑衅者被击中，小黑人暴走

射箭的瞄准方法是三点一线，即箭头、箭尾、目标三点一线，然后拉足弓射出，如下面左图所示。在我们右边的城墙上还有一个火堆，如果我们将箭头放到火堆上就可以变成"火箭"，如下面右图所示。"火箭"射向目标后会发生爆炸，增强杀伤力。

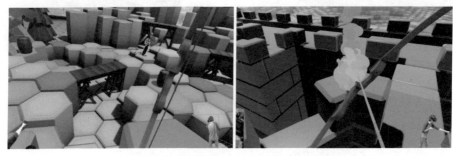

三点一线瞄准目标，"火箭"就在身边

当目标戴着帽子靠近时，帽子有防御能力。如果是普通的箭，第一箭只能破帽，第二箭才能射中它；如果是"火箭"就可以一箭加爆炸致命。如下面左图所示。此外，下面右图中瞄准的目标是红色的火药桶，"火箭"射中后就会发生爆炸，炸死周围的小黑人。

瞄准头盔和火药桶

如果射中下面左图所示的靶心，就会将城头的油罐激活并倾倒燃油，阻止小黑人的进攻，如下面右图所示。

瞄准城墙上方的红色靶心

在城门的上方也有一个红色靶心，如下面左图所示。当城门下聚集了比较多小黑人的时候，瞄准它射箭，熊熊大火瞬间将小黑人们覆盖，如下面右图所示。

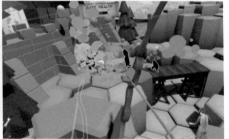

瞄准城门上方的红色靶心

射中红色气球会给城门加固或者给自己加分，如下图所示。这个小游戏获得高分的秘诀是射速和准确度，还要注意善用道具，墙角的炸药桶和城墙上的火油罐都是加分的上品。

射击红色的气球获得奖励

三、医疗和天体类体验

我们将进入的是医疗和天体类体验，即人体扫描医疗体验和太阳系天体体验。

1. 人体扫描医疗体验

我们现在要进入人体扫描医疗体验，如下面左图所示。我们来到医疗体验区，拿起头骨旁边的水晶球，靠近眼睛，进入如下面右图所示的人体扫描医疗体验。

 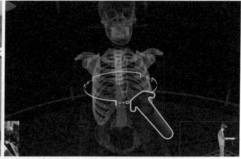

进入人体扫描医疗体验

在这个体验中，我们透过断层扫描还原高精度人体模型，从而一步步探索人体的奥妙。下面左图是手持扫描刀片对人的身体系统进行切片断层扫描；下面右图是对人的头部结构进行断层扫描。

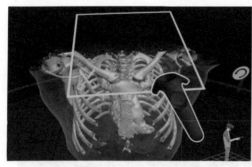 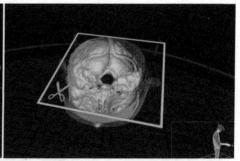

对人体和头部进行断层扫描

2. 太阳系天体体验

我们现在要进入太阳系天体体验，如下面左图所示。我们来到太阳系天体体验区，拿起水晶球，靠近眼睛，进入下面右图所示的太阳系天体体验内容。我们可以使用瞬移面板移动到任意希望到达的位置。

进入太阳系天体体验

我们可以移动到太阳的旁边，看到巨大的发出红色火焰的太阳，如下面左图所示。我们也可以到达太阳系各行星的位置，观察各行星的相关特性，如下面右图所示。

移动到太阳和行星的旁边

到此，《实验室》的体验内容告一段落。通过这些内容的体验，我们可以对虚拟现实建立相对整体的感受。通过虚拟现实，我们可以瞬间到达美国华盛顿州的黄昏峰，或威尼斯，或熔岩管道，或冰岛国家公园；我们也可以使用大型弹弓对敌人的仓库进行破坏，使用长弓守卫自己的城堡；我们还可以进入实验室进行人体扫描医疗体验，进入太空进行太阳系天体体验。当我们站在黄昏峰看到和真实世界别无二致的巍巍群山，感受到百丈悬崖峭壁之下的千年积雪，熊熊燃烧的太阳就在我们身边触手可及，这一切都因为有了虚拟现实。但是，这只是开始，未来的虚拟现实会怎样？局限只在我们自己的思想。

第二节　未来世界体验

本节我们将重点进行未来世界体验，具体将体验到人类与机器人战斗的未来战场，还将体验到未来机器人维修的科技。

一、未来战场体验

在这里，我们将体验到人类与机器人战斗的未来战场。作品的名称是 *Showdown Cinematic VR Demo*，由 Epic Games 于 2016 年制作发布。该作品展现了未来世界中人类战士与外星机甲之间的战斗。该体验表现的内容集中在一个街道的战场，一群身着重甲的人类战士与一个恐怖的外星机甲进行战斗。人类战士端着自动步枪朝着外星机甲射击，而机甲则使用机炮与小型导弹向人类战士攻击，子弹在身边穿梭，导弹在面前横飞。我们扮演着超高速行进的异类，将时间减慢，平静地行进在这场战斗的路上，看着子弹和导弹从身边慢慢地划过，在身边缓缓地炸开，炸飞的车辆在头顶惊险地划过……这是否就是传说中的暴力美学，或者《黑客帝国》中的子弹时间？请自己体验。

首先，我们发现自己置身于一个现代城市的街头。一场人类战士与外星机甲的巷战正在身边发生，时间接近凝固的边缘，子弹在周围缓缓地划过，身边是几位全副武装的战士，他们一边射击一边向前冲锋。伴随着长长的"咻"声，子弹带着气浪向我们面部冲过来。（大部分体验者都会吓一跳，然后赶紧侧身躲开。）

置身城市街头巷战战场（a）

置身城市街头巷战战场（b）

"砰！砰！"远处的外星机甲向我们射出两颗小型导弹，导弹托着浓烟缓缓地穿过身前的战士，画出优美的弧线，然后从我们身边流畅地划过。

导弹向我们呼啸而来

其中，一颗导弹击中左前方的柱子，发出强光和爆炸的冲击波，高温的气浪夹杂着弹片、烟尘与柱子的碎片呼啸着在我们面前翻滚而过。

一颗导弹击中左前方的柱子，爆炸碎片迎面飞散

　　十几米远处，一个外星机甲俯下身来向战士进行猛烈的射击，子弹击中战士的头盔，火星飞溅。人类战士被子弹的冲量冲撞得向后翻身，撒手的自动步枪盲目射击，发出耀眼的火光。

外星机甲向人类战士射击，火星飞溅

外星机甲向我们射出飞弹,一颗从身边划过,另一颗在左前方的汽车底部爆炸,强大的冲击波、耀眼的火光与爆炸推力将汽车凌空翻转。

飞弹爆炸将汽车掀飞

凌空飞起的汽车从我们头上旋转而过,可以看到汽车的主人在车里绝望地尖叫。

汽车从头顶旋转而过

我们的视线跟随抛在空中翻转的汽车,汽车被抛向了远处,然后重重地摔落在地上。突然,身后传来刺耳的怪叫,一扭头看见那个外星机甲已经到了我们近前。它锋利的爪子高高地扬起,然后猛然劈了下来。

外星机甲在人类战士面前发出致命一击

通过对这个 Epic Games 研发的 *Showdown Cinematic VR Demo* 的体验，我们能够身临其境地感受一场人类战士与外星机甲之间的战火硝烟。在这个虚拟战场里，时间已被凝固，我们可以长久地体验这一原本电光火石之间的一刹那，像《黑客帝国》中的尼奥一样自由地把控这里的时空。这种感觉是真实世界不可能存在的，这就是虚拟现实，可以创作任何想象的世界，时间和空间由我们来决定。

二、未来机器人维修科技体验

接下来，我们将体验的是一个未来机器人维修科技体验。作品的名称是

Aperture Robot Repair，由 Vavle 公司于 2016 年发布。该作品展现了未来科技社会中维修机器人的过程。该体验与电影《钢铁侠》中的主角维修和升级自己机甲的过程颇为相似。不同的是，在电影中我们看到的是主角在科技界面中维修机甲，而这里是我们亲手去维护机器人的科幻组件。这种对科技世界身临其境的交互与体验，在很大程度上远远超越观看电影的感受。

首先，我们发现自己置身于一个实验室的工作间，一个受伤的机器人从门口走进来，如下面左图所示。机器人的机壳分开，露出蓝色的中心和空中虚拟的结构线，如下面右图所示。

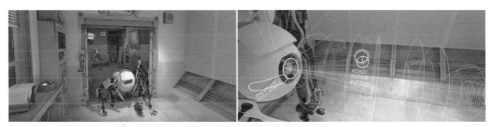

机器人走到我们面前

我们按照提示，从左向右拉开机器人的整体结构，就可以看到下图所示的画面：机器人头部成百上千个精细的零件呈现在空中，上空还依次排列着主要零件的工作情况和相关参数。

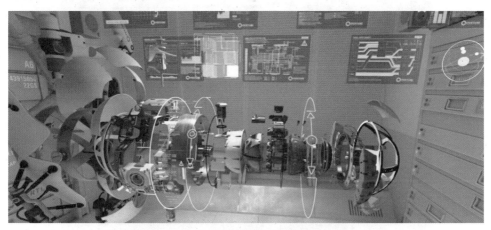

机器人成百上千个精细的零件呈现在空中

我们可以把头伸过去，查看机器人零件的细节，如下图所示。

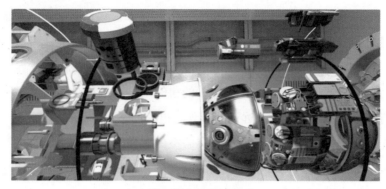

查看机器人零件的细节

我们需要对机器人的零件进行维护，并找出受损的零件。但遗憾的是，我们并不是专业的机器人维修工，没办法修理好这个受损的机器人。时间一分一秒地过去，机器维修部件开始焦躁起来，最后零件散落一地。然后地板开始翻转，零件垃圾被自动回收。

零件散落一地，被自动回收

接下来，大门打开，一个工作间中控机器人把头探了进来，告诉我们机器人维修时要注意的事项。

中控机器人与我们对话

环顾四周，我们看到一个巨大的机器人维修厂房，长长的轨道通向远处。我们的实验室正在这个轨道上被快速拆解，而我们自己好像也面临工作失败而被拆解的命运。

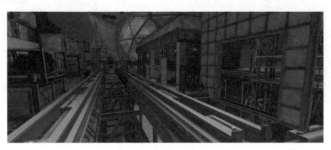

巨大的机器人维修厂房

通过对 Vavle 研发的未来机器人维修这个科技类虚拟现实内容的体验，我们可以感受到一种前所未有的科技震撼，那种类似《钢铁侠》《变形金刚》等科幻电影的镜头仿佛真实地呈现在我们的身边。我们未来或许可以用虚拟现实技术设计组装自己的未来战士、未来飞船，去往自己心中梦想的科技世界。

第三节 虚拟世界的童话之旅

本节我们将体验由 Oculus 开发的经典虚拟现实体验作品 *First Contact-Oculus Touch Demo*。该作品作为 Oculus Rift CV1 随机赠送的 Oculus Touch 手柄的使用教学体验内容，让所有的 Oculus Touch 用户能够感受到虚拟现实的新奇与震撼。

首先，我们发现自己置身于一个杂乱的工作间，如下图所示。

杂乱的工作间

我们伸出手来，发现两只手在面前，如下面左图所示。面前的桌面有一块芯片，伸手可以将它拿起来，如下面右图所示。

伸手拿起芯片

桌面还有一个立方体的东西堆叠在一起，伸手敲击会发出声音并蹦跳了起来，原来是一个机器人。

激活桌面的机器人

机器人看到有陌生人进入它的空间，吓得手忙脚乱，跌跌撞撞地躲到了远处的门后，如下图箭头指向所示。

机器人飞向远处躲起来

这时，我们可以挥挥手，友善地跟机器人打招呼。它也会回应我们，挥手致意。然后，当它发现我们没有恶意后，就会从门后谨慎地飞出来，逐渐靠近我们。

与机器人互相挥手打招呼

机器人飞到我们身边，递给我们一张小磁盘。我们把小磁盘放进一旁的电脑插口，几个显示器同时亮了起来。

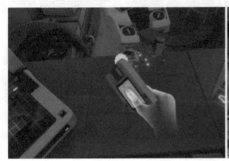

插入磁盘激活电脑显示设备

机器人又递给我们一张画着蝴蝶的磁盘，我们接过来插进电脑。电脑主机上方的三维打印开始工作，打印出几只可爱的蝴蝶，在空中上下翻飞。

打印出粉红色发光的蝴蝶（a）

打印出粉红色发光的蝴蝶（b）

然后，机器人给了我一张新的磁盘，打印出两个玩具。我们可以拿起来玩：其中一个是铃铛，发出清脆的声音；另一个是转轮，可以来回旋转。

打印出铃铛和转轮

接下来，机器人给了我们一张有火箭图案的磁盘，将磁盘插入电脑，我们看到打印出4架小火箭。

打印出4架小火箭

　　我们拉动小火箭尾巴的导火索可以将其点燃，然后放开手，小火箭就会飞出去。小火箭不小心撞在机器人身上，它赶紧闪身躲在一边。

拉动导火索发射小火箭

　　机器人再次递给我们一张有科技符号的磁盘，这张磁盘打印出一个球形闪电团。我们去触摸闪电团，会发现我们的手忽然之间有了隔空索物的超能力，手指发出强光。如果我们指向某个物体并用力，就会将那个物体凭空拉过来，然后可以用另一只手将物体握住。

我们的手受到球状闪电团的激发后拥有了隔空索物的超能力

　　机器人又递给我们一张画着枪的图案的磁盘。我们使用后发现打印出一把科幻激光枪，然后远处空中出现了几个移动的红色靶心，可以对准靶心练习射击。我们还可以打印出第二把枪，这样就可以左右开弓地射击。

打印出激光枪进行射击练习

　　最后，机器人递给我们一张有 Oculus 标识图案的黄金磁盘，把这张神秘的黄金磁盘放入电脑，我们发现电脑被其强大的电流冲击发出电光。

插入 Oculus 黄金磁盘

　　三维打印机打印出一个发着白色荧光的立方体矩阵。当我们去触摸矩阵，发现规则的立方体开始飘散，又聚集在一个点上发出强光。

打印出立方体矩阵并开始变幻

　　然后，强光变成透明网格在空间扩散，一直延伸到远处，整个工作间变成一个方形矩阵。

工作间变成方形矩阵空间

　　工作间的实物开始消失，矩阵开始扩散，我们能体验到一种被数字矩阵包围的世界。这个世界开始从远处消失，逐步到近处消失，最后整个世界消失在灰白的虚无之中。

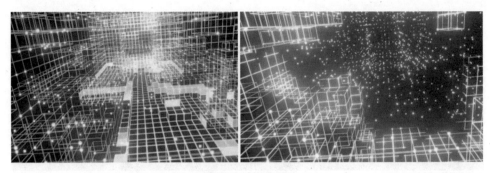

矩阵开始扩散及消失

　　通过对 Oculus 开发的虚拟现实体验作品 *First Contact-Oculus Touch Demo* 的体验，我们能够感受到一些虚拟现实的特性。首先，虚拟现实可以非常真实地模拟真实世界的交互方式，如拿起磁盘、插入磁盘、摇动转轮、晃动铃铛、举枪射击等；其次，虚拟现实可以把未来世界逼真地创造在我们的眼前，让我们可以随时与其进行面对面的互动；最后，我们还可以发现这个看起来非常逼真的工作间其实是数字虚拟技术模拟出来的，只要我们有所想象就可以使用虚拟现实技术创造出任何想象的梦想世界，并且能够让自己或者更多的人在其中体验，这才是虚拟现实科技的伟大所在。

第九章　虚拟现实游戏类作品赏析

本章我们将按照不同的类型深入分析一些比较有代表性的虚拟现实游戏类作品，包括以下三类内容：第一类是小型动作类游戏，包括《水果忍者VR》（*Fruit Ninja VR*）、《暴走甲虫》（*Thumper*）和《节奏光剑》（*Beat Saber*）；第二类是复杂关卡游戏，包括第一人称射击游戏《亚利桑那阳光》（*Arizona Sunshine*）、策略塔防游戏《羁绊》（*Tethered*）；第三类是经典游戏IP改编的VR游戏，包括《辐射4 VR》（*Fallout 4 VR*）、《上古卷轴5：天际VR》（*The Elder Scrolls V: Skyrim VR*）和《地狱之刃：塞娜的献祭VR》（*Hellblade: Senua's Sacrifice VR*）。

第一节　小型动作类 VR 游戏

本节我们将了解一些小型动作类 VR 游戏，包括《水果忍者VR》、《暴走甲虫》和《节奏光剑》。这类游戏的特点是游戏玩法相对简单，游戏数据规模相对较小，游戏过程主要侧重于简洁动作和反应的熟练程度。

1.《水果忍者 VR》

《水果忍者 VR》宣传海报

　　《水果忍者 VR》是由 Halfbrick Studios 研发并于 2016 年 12 月发布的一款动作类游戏。该游戏改编自同名手机游戏，但相比手机版的《水果忍者》，《水果忍者 VR》则有着完全不同的体验。传统版本《水果忍者》的玩法是手指在手机平面上滑动，滑动轨迹变成刀锋去切开水果。而《水果忍者 VR》的运动量明显加大，玩家需要单手或者双手拿起刀，用力地挥动手臂，用刀剑去劈开水果。这和真实世界中拿着一把刀去劈开一个水果的方法几乎是一样的。试想如果我们在真实世界中左右开弓劈开 100 个水果，会是什么样的状态；如果尝试劈开 1000 个、5000 个甚至 10000 个水果，结果肯定会累到手臂酸爽至少半个月。我们也有理由相信，如果你是 VR 切水果的顶尖高手，那么在冷兵器盛行的武侠年代，你也功力非凡。也就是说，《水果忍者 VR》有可能把你培养成真正的高手。

手机版的《水果忍者》与《水果忍者 VR》的玩法对比

　　此外，在体验《水果忍者 VR》时，我们能够看到一个个新鲜可口的水果飞到身边，然后一刀刀把它们切开，那种爽快的感觉也是手机版无法比拟的。这种体验对于男女老幼都具有明显的吸引力，如下面左图是一位大叔在开心地切水果，右图是一位小朋友在快乐地挥刀猛切。

男女老幼用户都比较喜欢 VR 切水果的体验

VR 模式下挥刀切开水果的感觉很爽快

通过体验《水果忍者 VR》，我们发现，看似同样玩法的游戏，手机平台与虚拟现实平台有着天壤之别：在手机平台上是手指在屏幕上滑动，动动手指模拟挥刀就行；在虚拟现实平台则是如同真实世界一样握紧双刀用力去劈开水果，VR 版本俨然变成了一个运动量极大的健身游戏。

2.《暴走甲虫》

《暴走甲虫》宣传海报

《暴走甲虫》是由 Drool 最初面向 PS VR 和 PS4 平台开发的一款快节奏的"节奏暴力"类竞技游戏。由于该游戏大受好评，被移植到很多不同的平台，包括手机、PC 和其他 VR 平台。对于该游戏，玩家大多会给予三个词来评价：刺激、神奇、诡异。总而言之，玩过该游戏的人一定印象非常深刻。但需要提醒的是，只有 VR 版才会感受到那三个词的真正内涵。

在《暴走甲虫》中，我们将扮演一只太空甲虫，在一条一望无尽的轨道上飞驰，或跳跃，或漂移，或直接撞击，以克服沿途的各种障碍。与此同时，我们还要时刻面对各种各样的怪物，在与它们不断的缠斗中超越同伴并刷新自己的得分。面对无限的关卡和各种危险的障碍，我们需要极其专注地控制甲虫。为了胜利，不能有丝毫的迟疑，必须随着音乐的节奏义无反顾地向前冲刺，每一次穿越、每一次成功都能获得前所未有的视听震撼体验。如下图所示的 $\otimes$ 就是撞击，提示撞击前面的发光物。

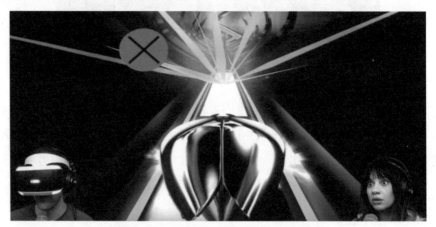

玩家在使用 PS VR 体验《暴走甲虫》

除了简单的行进方式的控制，还有闪避障碍。如下图所示，在轨道上出现了荆棘的障碍，我们需要让甲虫飞跃起来越过荆棘的阻碍。

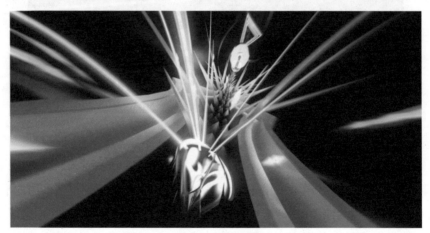

前方需要飞跃的障碍

当我们碰撞发光物，其冲击波就可以快速向前冲刺，粉碎前方的障碍，如下图所示。

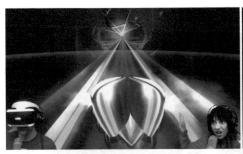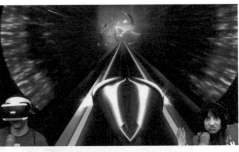

发出冲击波粉碎前方的障碍

　　甲虫在高速飞行过程中有效抓取发光物，就可以发出超强的冲击波，进而获得更高的奖励和成就，如下图所示。

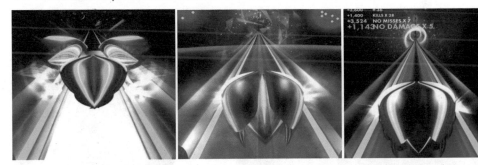

飞起发出超强冲击波击毁目标获得奖励

　　在《暴走甲虫》中，我们需要极其快速地控制甲虫的运动方式，或撞击，或转向，或飞跃突破道路前方的障碍，如下图所示。

突破障碍、极速转弯及飞跃撞击

　　《暴走甲虫》的游戏场景除了无尽的轨道就是抽象的、动态的环境。这种抽象的环境在光影、色彩及造型上都变幻莫测，时而如群魔乱舞，时而如荆棘丛林，时而如星光绽放。这种变幻莫测的抽象图案加上难以预测的随机拍动，给人一种印象深刻的诡异感与异时空感。

无尽的前方和抽象的空间

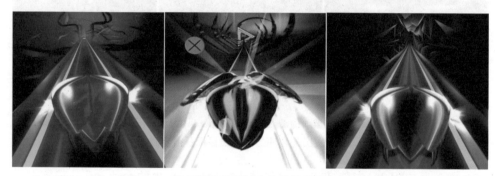

无尽的路途和抽象诡异的前方

当《暴走甲虫》进入一定阶段后，我们会遇到地狱鬼魅般的 Boss。它往往瞪着火红耀眼的眼睛，张着暗黑的大嘴，好像黑洞一样随时想把我们吸入它的口中。我们唯一能做的事就是避开障碍，触发冲击波去震荡它的大脑，直到把它震晕、震碎。

《暴走甲虫》中的 Boss

通过体验《暴走甲虫》，我们发现，在虚拟现实世界中，坐在原地按按钮也可以非常紧张刺激。虽然体验者在这款游戏中基本没有空间运动，但却让玩家体验到一种无尽的空间。此外，《暴走甲虫》的场景中充满科技与梦幻、紧张与诡异，变幻莫测的场景能够让人体验到一种与真实对立的无尽的虚空，与繁华对立的无尽的孤独。也就是说，即使抽象的符号，只要在虚拟现实中善加利用，也能给体验者带来一种前所未有的沉浸体验和精神共鸣。

3.《节奏光剑》

《节奏光剑》宣传海报

《节奏光剑》是由 Hyperbolic Magnetism 工作室研发的一款音乐节奏游戏。该作品于 2018 年 5 月 1 日在 Steam 平台开启抢先体验。一周后，登上了 Steam 周畅销榜的前十位。截至 2019 年 5 月，下载量已经超过 100 万套，收入预计超过 2000 万美元。《节奏光剑》已经成为 VR 音乐游戏的经典作品。体验该游戏需要玩家根据音乐节拍挥舞手中的光剑劈砍节奏方块，并且闪避障碍。《节奏光剑》被形象地比喻成一款令人上瘾的绝地武士剑术训练模拟器。

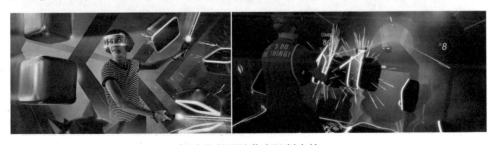

挥动光剑跟随节奏狂削方块

《节奏光剑》拥有精致的游戏场景、高清的画质，还结合了创新的 VR 玩法。在游戏中，玩家可以伴随着动感的音乐，使用指尖模拟光剑切开飞驰而来的方块。《节奏光剑》具有如下三个特点：

第一，打击感。音乐动感，包含嘻哈、摇滚等多种风格类型音乐，采用光剑挥砍的方式打击节奏方块。

第二，沉浸体验感。配合游戏内精致场景建模和节奏模式的相互变化，配合躲避墙及炸弹等场景变化给玩家带来直接的沉浸环境游戏体验。玩家的每一下动作都能获得相应的反馈，且定点游戏避免玩家产生晕动症。

第三，触感反馈。用手柄模拟的光剑击中方块时，手柄会发出细微的震动感，每一次玩家动作都能获得相应的反馈。

《节奏光剑》游戏主界面

在游戏过程中，我们需要手持红色和蓝色的光剑对飞来的红色和蓝色方块进行劈砍。蓝色和红色光剑只能劈砍同一颜色的方块，朝着箭头所指的方向，有的向上，有的向下，有的向左，有的向右，如下图所示。

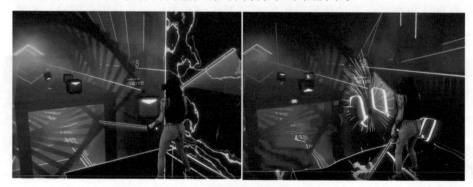

蓝色和红色光剑劈砍同一颜色的方块

在游戏过程中，我们有时还需要双手大幅度地运动，进行上下左右不同方向的快速挥砍，如下图所示。

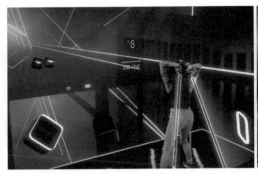
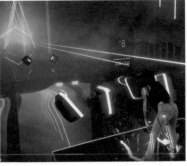

双手上下左右快速挥砍

在游戏过程中，我们还需要左右闪避来躲开朝我们冲击过来的带电的红墙，因为这种红墙是致命的，如下图所示。

左右闪避躲开红墙

此外，红墙设置了位置和速度，需要我们快速地左右跳动才能及时闪避，如下图所示。

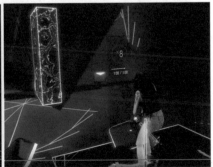

快速地左右跳动才能及时闪避

红墙有时会变得非常粗壮，从我们上方的位置飞过来，我们只能快速蹲下才能躲避红色大方块的冲击，如下图所示。

躲避红色大方块的冲击

为了更全面地模拟星球大战中各类光剑的效果，游戏玩家将两个手柄绑在一个棍子上，实现了双剑合一的光棍，如下图所示。

双剑合一的光棍

《节奏光剑》是一款极受欢迎的 VR 游戏，尤其在很多商场的体验店中，受欢迎程度很高。于是，一些时尚、动感、帅气的《节奏光剑》体验店应运而生。

《节奏光剑》体验店宣传海报

通过体验《节奏光剑》，我们能够获得一些非常有意思的感悟。首先，VR游戏真的可以快乐地锻炼身体。《节奏光剑》让我们在快乐的节奏和旋律中摆动和挥舞，这种感觉像在听音乐，又像在跳舞，更像是一名星战的战士。其次，虚拟现实确实可能变为时尚，一种健身的时尚，一种休闲的时尚，而这种时尚比我们先前预想的节奏来得更快。再次，"激光剑 + 节奏"游戏产生了《节奏光剑》游戏，研发者也因此带来巨大的收益和行业影响力，只要敢于想象和实践，虚拟现实让一切皆有可能。

第二节　复杂关卡 VR 游戏

本节我们将体验一些内容更加丰富的复杂关卡 VR 游戏。我们将重点给大家介绍第一人称射击游戏《亚利桑那阳光》和策略塔防游戏《羁绊》。

1.《亚利桑那阳光》

《亚利桑那阳光》宣传海报

《亚利桑那阳光》是由 Vertigo Games 和 Jaywalkers Interactive 合作研发的一款第一人称射击游戏，也是目前各大 VR 平台上最受欢迎的射击游戏之一。游戏讲述僵尸爆发后，幸存者的处境非常危险。幸存者需要找到枪和子弹，掌握基本的射击方式，确保自己不会变成僵尸的同类。

此外，《亚利桑那阳光》还推出了支持多人联网的版本。在末世的环境下，活着的人已经变得相当稀少。单单靠一个人的力量很难活下来，所以要去找找其他幸存者，并与他们联盟。只有团结起来才会变得更强，也更有底气对抗末世中的丧尸大军。针对网络版本，Vertigo Games 总经理 Richard Stitselaar 表示："《亚利桑那阳光》一直是 VR 市场里最受欢迎的游戏之一。我们坚信，新版的《亚利桑那阳光》让玩家沉浸于 LBVR 空间中，这又是一次令人兴奋的体验。谁不愿意与朋友们一起面对僵尸，享受比家用 VR 设备更逼真的体验呢？"

支持多人联网版的《亚利桑那阳光》

《亚利桑那阳光》拥有丰富的枪械，我们可以一件一件地观赏、体验和测试，并通过对扑面而来的僵尸打击效果选择自己喜欢的枪械。

《亚利桑那阳光》的丰富枪械

随意把玩自己喜欢的枪械

《亚利桑那阳光》的关卡和场景也非常丰富，我们可以在很多完全不同的环境氛围下射杀冲向我们的僵尸。在户外场景中，我们在应对僵尸围攻之余，还可以偷闲地旅游观光一下，看看沿途美丽的风景。于是，游戏在紧迫和刺激中加入了一些休闲和愉悦，让游戏体验更丰富。

户外场景关卡

建筑场景关卡

游戏中有一些室内的场景，尤其地下矿井的游戏关卡的灯光非常昏暗，甚至在一些场景中只能够借助枪上的手电才能照亮唯一的可见区域，其他方向都伸手不见五指。在这种暗黑幽闭的环境中，任何一点诡异动静和声音都会令人毛骨悚然,我们的胆量也在这样的环境中得到了一定的历练。

室内场景关卡

《亚利桑那阳光》拥有非常丰富的关卡和场景,不同场景能给体验者带来完全不同的心理感受,游戏中也拥有不同种类的僵尸和不同玩法的关卡。总体来讲,《亚利桑那阳光》是 VR 游戏中对于游戏玩法研究和应用都较深入的优质作品。事实上,传统游戏中一些丰富的关卡设计经验、玩法设计经验都可以为 VR 游戏的设计提供非常有价值和意义的参考。当然,更重要的是要根据 VR 平台的不同体验特征进行改进和量身定制,才可能带来更优秀的 VR 游戏作品。

2.《羁绊》

《羁绊》宣传海报

《羁绊》是由英国工作室 Secret Sorcery 研发而成。Secret Sorcery 是由前进化工作室、Rage Software 联合创始人建立的一家新工作室,《羁绊》是该工作室的第一款 VR 游戏作品。在这款游戏中,我们将在神奇的天空世界中扮演一个强大的灵魂守护者，管理着一座天空浮岛，使用魔法恢复这里曾经的生命和平衡。我们可以创造一些忠实的仆人皮普斯人（Peeps），并安排它们种植、收获、采矿，为了更大的利益来喂养、战斗、建造及牺牲自己，以释放被埋葬的兄弟们。随着阳光的照耀，收获岛屿丰富的资源，按照意愿获取这些元素，并准备好皮普斯人。因为在夜晚，黑暗中的邪恶居民将踏上这片土地，破坏你的资源，以你的水晶和皮普斯人为食物。

天空浮岛

下面，我们简单了解一些游戏内容。当我们来到一座天空中的小岛，天上掉下一颗蛋，我们用阳光照耀它，就可以孵化成皮普斯人，如下图所示。

天上掉下一颗蛋，用阳光孵化成皮普斯人

我们可以将皮普斯人指引到破败的建筑边，它就可以跳舞施法，让建筑恢复原貌。于是，我们开始有了自己的家园，如下图所示。

皮普斯人跳舞施法让建筑恢复原貌

接下来，让皮普斯人到地里采集食物，搬回家里，家园渐渐有了生气，如下图所示。

皮普斯人到地里采集食物并搬回家里

然后，我们需要采集河流中的岩石。因为那里有红色的水晶，它们可以用来建造特殊的建筑。但是，河水挡住了皮普斯人的去路，我们需要将天上下雪的乌云引导到河面。这时，天空下雪，河面冻结了，皮普斯人就可走在冰面上去采集水晶，如下图所示。

用下雪的乌云将河面冻结帮助皮普斯人去采集水晶

天上逐渐掉下更多的蛋，可以孵化成更多的皮普斯人，然后把我们的岛屿建设得越来越漂亮，如下图所示。

越来越多的皮普斯人把岛屿建设得越来越漂亮

但是，到了晚上，来自暗黑世界的怪物们朝我们进攻了，会破坏我们的资源、我们的水晶，并且以皮普斯人为食物。所以，我们的皮普斯人要抗击这些怪物，保护自己和家园，如下图所示。

皮普斯人抗击怪物

下图显示的是个性鲜明的游戏角色，皮普斯人是非常可爱的角色。它们开心的时候会向天空挥手致意，如下面左图所示；它们需要孵蛋的时候会爬到蛋上用屁股给蛋取暖，如下面中图所示；它们努力工作的时候也会哼着小曲，乐在其中，如下面右图所示。

《羁绊》中个性鲜明的角色

皮普斯人也是非常多愁善感的角色。如果太久不给它们安排任务，百无聊赖的它们就会抑郁。如果受到敌人攻击受伤严重又久不医治，它们也会抑郁，最后走向悬崖，如下图所示。

抑郁中的皮普斯人

通过体验《羁绊》，我们发现这款策略塔防游戏有非常有趣的世界观，有数量丰富的岛屿和关卡，有非常丰富的角色和各种有趣的玩法。其亮点是对角色性格的设定，非常丰富且个性鲜明。可见，VR 游戏也并不仅限制于简单的、肤浅的、动作的浅层次水平。事实上，只要有深入、具体且丰富、有效的策划与实施，VR 游戏也能够到达甚至超过传统 PC 或手机游戏的层次。

第三节　经典游戏 IP 改编的 VR 游戏

本节我们将了解到一些大制作的 VR 游戏。这些游戏是将传统 PC 平台的经典游戏转制为 VR 版本游戏。由于这些游戏在 PC 平台是极为经典的作品，因此游戏本身的美术、玩法及综合效果都非常出色。当它们改编为 VR 版本后，我们将以身临其境的方式去感受一种全新的、前所未有的 VR 体验。我们将重点介绍《辐射 4 VR》、《上古卷轴 5：天际 VR》和《地狱之刃：塞娜的献祭 VR》。

1.《辐射 4 VR》

《辐射 4 VR》（Vive 版）宣传海报

　　《辐射 4 VR》是由美国 Bethesda Game Studios 发行的一款经典游戏。现在这款传奇的劫后世界冒险游戏已经开发出完整的 VR 版本。《辐射 4 VR》包括完整主游戏和专为虚拟实境量身打造的全新战斗、制作与建造系统，玩家可以自由地探索前所未见的逼真废土世界。作为玩家，我们将扮演 111 号避难所的唯一幸存者，踏入这个被核战争所毁灭过的世界。在这里，我们需要时时刻刻小心谨慎，我们需要为了生存而战，每一次选择都由自己做主。只有我们自己才能重建废土，决定世界的命运。

　　VR 版本的《辐射 4 VR》与 PC 版本在内容、任务和玩法上基本相似，但是在操作方式和体验效果方面则有着天壤之别。例如 PC 版本在查看属性的时候，我们只需面对电脑显示器，但是在 VR 版本里面我们需要将装在手臂上的属性装备拿起来，伸到我们眼前，就如同真正地查看手表一样。下面左图显示的是体验者在体验《辐射 4 VR》的时候将左手抬起查看相关道具与生命属性数值的动作过程，右图显示的是在游戏中我们看到的效果。

玩家体验《辐射 4 VR》时将左手抬起查看属性数值

  下图显示的是玩家使用 VR 手柄与虚拟现实环境交互过程中的即时互动效果。当我们使用手柄指向道具的时候，道具被激活，即可调出使用道具进行何种任务的菜单，如升级装备、枪械等。

玩家使用 VR 手柄与虚拟现实环境交互效果

  《辐射 4》具有非常漂亮的游戏画面，无论是模型细节、贴图细节还是环境光照效果，都非常出色。在虚拟现实中，我们能够身临其境地感受到该作品优秀而逼真的游戏环境。下图显示的是《辐射 4》的经典画面：主角与狼狗在废墟中无尽地流浪，从中我们可以看到该作品拥有堪比电影一样丰富而细腻的环境效果。

《辐射 4》中的主角与狼狗在唯美的废墟中流浪

　　下图显示了 VR 版本游戏中的场景效果，从中可以看到即使在虚拟现实环境下，依然呈现出逼真的光照和丰富细腻的材质贴图效果。场景中的模型和贴图都能够呈现出大量的细节，这些都使得身临其境的 VR 体验更加真实。

《辐射 4 VR》逼真的光照和丰富细腻的场景细节

　　《辐射 4 VR》在交互过程中与 PC 版本有着极大的区别。在移动上，我们需要使用瞬移工具进行目标指定，然后瞬移过去，如下面左图所示。在游戏设置、角色属性及道具等设定方面，我们需要滑动圆盘来选择，如下面右图所示。

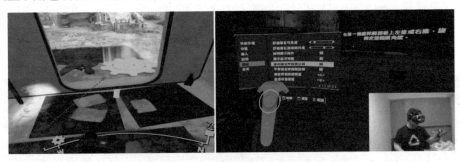

《辐射 4 VR》中的移动和菜单操作

　　《辐射 4》的属性设置基本都是在戴在手腕上的哔哔小子中进行。VR 版本真的让我们把哔哔小子戴在手腕上了，如下图所示。但是，我们在体验《辐射 4 VR》的过程中需要经常抬起手来进行这样的操作，如果遇到手柄方向面板控制选单并不灵敏的情况，这种操作就比较牵强，而且容易感到疲惫、速度慢，效果也不太理想。也就是说，PC 作品改编成 VR 游戏未必有最好的体验。

戴在手腕上的哔哔小子

此外，我们还可以设置菜单快捷键来方便地选择武器装备，如下面左图所示。当我们找到补给站的时候，也可以用手柄操作拾取或扔掉装备、弹药，如下面右图所示。

VR 环境下的武器装备选单和补给弹药

虽然说在辐射中，大部分时间都是在废土世界孤独地流浪，但狼狗和机器人偶尔会给我们带来友情的温暖。下面左图显示的是狼狗在我们前面探路，右图显示的是狼狗攻击偷袭我们的敌人。

狼狗帮助我们探路和防御敌人偷袭

下图显示的是机器人"嘎抓"在战斗的过程中使用火焰喷射器攻击敌人，

为我们扫清障碍。我们与机器人配合进行战斗，效果提升是非常明显的。

机器人"嘎抓"帮助我们攻击敌人

《辐射 4 VR》可以让我们与友军进行面对面交流，这种逼真的面对面交流非常有沉浸感，让游戏的剧情体验和代入感更加真实可信。

VR 模式下与友军进行面对面交流

《辐射 4 VR》中拥有大量造型各异的改装枪，这些装备在 VR 环境下可以拿到眼前仔细观赏，并随时进行逼真的射击训练。这种近乎真实的射击方式的训练和应用是非常有实践意义的。

使用造型各异的改装枪进行观赏和射击

通过体验《辐射 4 VR》，我们发现虚拟现实世界一旦与传统经典游戏结合，其优点和问题都逐一凸显出来。首先，身临其境地体验经典作品中的世界是一种兴奋且刺激的感受。其次，经典作品中庞大而丰富的游戏世界给我们带来一种仿佛没有尽头的虚拟现实世界体验。再次，传统的经典游戏交互方式与 VR 交互存在着巨大的差异，如何更优地匹配新平台的交互方式，给人以舒适的感受对于 VR 游戏来讲是必要而有益的。

2.《上古卷轴 5：天际 VR》

《上古卷轴 5：天际 VR》是由美国 Bethesda Softworks 开发的经典沙盒类角色扮演游戏，于 2017 年 11 月上线发行。该作品的时间设定在《上古卷轴 4：湮没》的 200 年之后，地点为人类帝国的天际省。体验者将扮演传说中的龙裔，踏上对抗世界吞噬者——巨龙奥杜因的征途。除主线剧情外，游戏中还有天际内战、魔神器、地下遗迹、组织势力等各类支线和隐藏任务。总体来讲，《上古卷轴 5：天际 VR》具有庞大的世界观、丰富的任务和超高的游戏自由度。

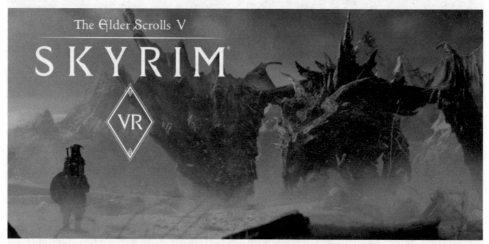

《上古卷轴 5：天际 VR》宣传海报

《上古卷轴 5：天际 VR》具有极为丰富的场景，拥有超过 100 小时的体验内容，在 VR 游戏中的时长上算是佼佼者。VR 天生具有的沉浸感使得《上古卷轴 5：天际 VR》的代入感非常强。体验之初是我们扮演的龙裔在即将被处决的时候，龙及时出现拯救了我们，然后趁乱逃离了这里。

VR 版本与 PC 版本的操作方式有极大不同。在 VR 版本中，我们需要一手拿剑一手拿盾，在山野间行走，如下图所示。

一手拿剑一手拿盾在山野间行走

　　我们来到一个地标雕塑的旁边，使用兵器控制器可以激活地标上的标记信号，以后展开地图就可以方便地找到这个地标，如下图所示。

激活地标

　　游戏的武器和控制与 PC 版有着显著的区别。我们需要手持长剑去挥砍，当面前站着一个看起来真实的人物，挥剑攻击她不是一个容易的决定。

与敌人进行战斗

　　除了常规武器，我们也可以使用魔法喷射火焰。我们要做的事情就是伸出手，按下按钮发动攻击。这时，火焰就朝着目标喷射过去，敌人很快就倒在火焰中。

使用魔法火焰进行攻击

火焰也可以进行一定距离的远程攻击，我们可以对准桥上的敌人进行火焰喷射，很快他们就会从桥上滚落下来。

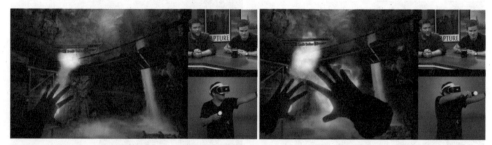

使用火焰进行远程攻击

我们可以水面挥动双手，这样就可以实现如同在真实世界游泳一样的效果，在水面移动。我们还可以看到体验中游泳的动作，可见这是需要一定运动量的过程。

体验在水中游泳

此外，我们可以激活游戏的地图。这个地图在 VR 模式中非常有沉浸感，我们可以看到自己仿若天神一样俯瞰地上的人类世界。我们可以自由地移动这个巨大的地图，然后传送到我们希望到达的目的地。

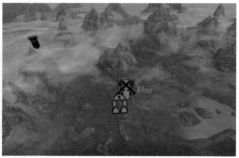

游戏中的大地图

《上古卷轴 5：天际 VR》拥有非常丰富的场景，而这些场景在高沉浸感的 VR 版本中又给体验者一种触手可及的感受。无论是普通的小村镇还是大型的城堡宫殿，在 VR 体验中都有一种观光旅游的美好感觉。当紧张的战斗完成后，驻足在各种丰富场景中欣赏一下美景也是非常惬意的。

村镇场景

城堡宫殿场景

通过体验《上古卷轴 5：天际 VR》，我们能够感受到该游戏是一个角色扮演的人物在一个宏大的虚拟世界中冒险、成长的过程。这种虚拟现实的冒险、成长的体验拥有前所未有的代入感和真实体验感。由于这种体验对人的身心影响的深入程度，他们将不可避免地给人的心理和行为带来潜移默化的影响，善加利用可以带来益处，反之可能带来不利。

3.《地狱之刃：塞娜的献祭 VR》

《地狱之刃：塞娜的献祭 VR》是由 Ninja Theory 研发并于 2018 年发行的动作解密冒险游戏。Ninja Theory 曾研发了著名动作游戏"鬼泣"系列（*DmC: Devil May Cry*）。《地狱之刃：塞娜的献祭 VR》的场景与动作设计延续了"鬼泣"系列作品的风格，以精神病患者眼中看到的地狱为景象展开创作。游戏讲述的故事发生在维京时代，一位心灵受到重创的凯尔特战士一路追踪至北欧炼狱，她要去追寻死去的爱人的灵魂。该作品由游戏设计师与神经领域的科学家及饱受精神疾病困扰的人们联合开发，上线一年下载量超过 100 万份。与 PC 版本相比 VR 版本拥有更强的沉浸感，体验者能够身临其境地感受到制作人希望营造的场景氛围和主角内心的状态，进而更为完美地表达创作者的意图。

《地狱之刃：塞娜的献祭 VR》宣传海报

《地狱之刃：塞娜的献祭 VR》拥有非常丰富的场景，从昏暗恐怖的氛围到阳光明媚的氛围，从客观逼真的风格到主观抽象的风格，应有尽有。而且，每个场景中的重要元素设计的主观指向性非常突出，让人感觉到不是在普通的场景中游走，更像是在某个神灵所控制的世界中挣扎。下图看到的是在游戏中的同一个主体建筑雕像周围行走的过程中，由于任务对象和主观情感的氛围差异而呈现出的完全不同的场景效果。

同一个主体建筑雕像呈现出不同的场景效果

下面左图是在游戏开始不久的时候，主角在丛林中行进的场景。下面右图是主角在河面划着木舟，周围是一种地狱般恐怖的氛围。

阴暗恐怖的场景

下图是从巨大的建筑中走入阳光明媚的自然环境中的过程，场景的前后整体氛围反差较大。这部分充满阳光和希望的场景设计在原本阴暗恐怖的游戏主体内容中非常触动人心。

从黑暗走向阳光的场景表现

　　下图是游戏中主观化的场景呈现，主题是表达地狱中不同风格的恐怖景象。左图呈现的是墙壁上伸满了手向外面抓取东西的景象，右图是一棵古老的大树上面悬挂着许多受难者。这种场景不是对客观自然世界的营造，而是通过相对简洁的元素去表达主观意向的氛围。

表达主观氛围的场景

　　《地狱之刃：塞娜的献祭 VR》的人物制作、人物性格与心理刻画方面也非常深入。游戏中的角色制作是使用当今最先进的引擎技术和动作、表情捕捉进行制作。因此，在游戏过程中能够感受到逼真的游戏角色与丰富的游戏表情及细腻的动作。

游戏中逼真的人物

　　得益于先进的动作捕捉技术与表情捕捉技术，《地狱之刃：塞娜的献祭VR》在游戏人物的动作与情感表现方面达到了极高的水平，进而呈现出一种能够直击人心的表演效果。这种丰富的动作与表情，尤其在身临其境的虚拟现实技术支持下得到了淋漓尽致的表现。

游戏中丰富的人物情感表达

　　此外，《地狱之刃：塞娜的献祭VR》中有大量造型各异的怪物角色设计，每一种怪物角色都有显著的风格特征。这种丰富的角色能够在VR体验过程中带来一种完全不同的刺激、紧张和心理震撼。

造型各异的怪物角色设计

与其他第一人称的动作游戏有所不同，《地狱之刃：塞娜的献祭VR》采用的是第三人称。我们在主角的身后控制着角色的移动攻击和防御，这使得游戏角色有更大的动作发挥空间，而且战斗过程中的打击效果也更加显著，战斗的效果是随着游戏情节和关卡的深入而加强。在前期阶段，我们会遇到低级别的怪物，战斗方式较简单，难度也较低。如下图所示，我们在与一位战斗力较低的怪物进行战斗。

一个低级别的怪物出现并攻击主角

即使面对的对手级别不高，但由于使用了高水平的动作捕捉技术和专业的动作演员，游戏中的怪物对我们的攻击效果和打击感也非常逼真和震撼。如果我们处于格挡的状态，那么会被怪物的攻击震退，如下图所示。

主角在怪物的强力攻击下后退

随着游戏剧情和关卡的深入，怪物的级别逐渐提升，战斗攻击方式开始发生复杂的变化，不同怪物也呈现出完全不同的攻击效果。比如下图所呈现的是一个拥有闪现能力的高级别怪物，它的移动速度非同寻常，会在意想不到的位置闪现，然后发动攻击，而且其块头大、攻击力强。

拥有闪现能力的高级别怪物

此外，随着游戏的深入，我们需要面对的怪物从一个增加到多个。它们的攻击方式也发生较大的变化，游戏的难度逐步提高。这时候，我们需要考虑采用新的战斗方式，否则将很快处于被动局面甚至失败。下图显示的是我们面对更加强大的敌人和更多数量的怪物的攻击。

面对更加强大的对手及遭受多个敌人围攻的情况

　　《地狱之刃：塞娜的献祭 VR》是一款动作解密冒险游戏，因此其解密与收集玩法也必不可少。下图显示的是游戏中解密任务及收集任务的执行过程。

游戏中的解密任务

游戏中的收集任务

　　通过体验《地狱之刃：塞娜的献祭 VR》，我们发现《地狱之刃：塞娜的献祭 VR》在游戏主题与场景氛围表达方面非常出色，同时由于使用了前沿的引擎与动作捕捉技术，在人物造型及动作表现方面也非常有吸引力，丰富的场景与细腻的人物在身临其境的虚拟现实中又能够得到更加逼真的呈现。

第十章 虚拟现实电影类作品赏析

本章主要讲述虚拟现实电影类作品，包括三部分内容：第一部分是卡通风格 VR 动画短片，以《七彩鸦传奇》（*Crow: The Legend*）和《亨瑞》（*Henry*）为案例进行分析；第二部分是写实风格 VR 电影，以《攻壳机动队 VR》（*Ghost in the Shell VR*）为案例进行分析；第三部分是实拍与特效结合的复杂叙事 VR 电影，以《战争不分民族》（*War Knows No Nation*）和《求助》（*Help*）为案例进行分析。

第一节 卡通风格 VR 动画短片

一、《七彩鸦传奇》

1.《七彩鸦传奇》作品概述

《七彩鸦传奇》是美国 Baobab Studios 研发的 VR 动画短片。该片取材于印第安雷纳佩部落（Lenni Lenape tribe）的传奇故事，讲述了一只有着美妙歌喉和七彩斑斓羽毛的乌鸦，为了给黑暗而冰冷的家乡带来光明和温暖，不远万里去寻找，最后不惜燃烧自己的身体为家乡带去火种，温暖大家。这是一个神秘且充满温情的暖心故事。该作品获得包括日间艾美奖、安妮奖、圣丹尼斯电影节、威尼斯电影节、纽约翠贝卡电影节、多伦多电影节等十几个奖项。

《七彩鸦传奇》宣传海报

《七彩鸦传奇》美术设计

2.《七彩鸦传奇》内容介绍

在一片森林里，一只华丽的七彩乌鸦（男性）唱着动人的歌谣从左飞入，站在高高的岩石上，然后又唱着歌向右方飞去。

七彩乌鸦飞入森林

一只美丽的臭鼬（女性）听到七彩乌鸦在唱歌，被悦耳动听的歌声所陶醉，她喜欢上了七彩乌鸦。

臭鼬陶醉于七彩乌鸦的歌声

　　冬天来了，整个森林都覆盖上了皑皑白雪。臭鼬、蝴蝶和猫头鹰在一个山洞里，冻得瑟瑟发抖。它们觉得如果天气再这样持续寒冷下去，可能熬不过这个冬天。

冬天的森林

　　于是，聪明的猫头鹰想出了一个主意：如果有人能绕过太阳找到造物先知，也许会帮它们想出解决问题的办法。但是，谁能够飞到那么遥远的地方去拯救大家呢？这时七彩乌鸦飞了进来，参与了它们的讨论……

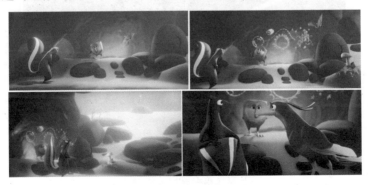

大家在讨论解决寒冷问题的办法（a）

大家在讨论解决寒冷问题的办法（b）

最后，七彩乌鸦勇敢地担负起寻找造物先知的重任。它飞出冰冷的星球，经过太阳，差点儿被火热的太阳灼伤。它迷路了，依靠星辰来辨别方向，终于找到了造物先知居住的地方。

七彩乌鸦去寻找造物先知

七彩乌鸦进入了造物先知的宫殿，用悦耳动听的歌声打动了沉睡中的先知。先知给了七彩乌鸦一个燃烧的火把，希望这个火把能够帮助它们获得温暖度过寒冬。

七彩乌鸦获得了造物先知的帮助

在经过太阳的途中，它解救了即将坠入太阳火海的蝴蝶，然而它不小心熄灭了先知赠予的火把。想到正在遭受寒冷的伙伴，七彩乌鸦衔起树枝飞向了太阳……

七彩乌鸦拯救了蝴蝶却不小心熄灭了火把

在森林里，小伙伴们还在忍受着寒冷的煎熬。忽然，天空划过一团火球，砸在旁边的树上，树很快燃烧起来，小伙伴们感受到了火焰的温暖。然而，七彩乌鸦却变得乌黑，嗓子也变得沙哑，它自己默默地躲在无人的角落，冻得瑟瑟发抖，美丽的臭鼬拿着火把找到了它……

七彩乌鸦给伙伴带来了温暖，自己却失去了光泽

春天，温暖的阳光照射着大地，积雪开始融化，人们发现乌鸦乌黑的羽毛发出了七彩的光泽，它的声音也变得充满了磁性，大家更加喜欢七彩乌鸦了……

七彩乌鸦的羽毛发出了七彩光泽，声音也充满了磁性

二、《亨瑞》

1.《亨瑞》作品概述

《亨瑞》是 Oculus Story Studio 创作的第一部 VR 动画短片。该片讲述了一只可爱的小刺猬亨瑞寻找朋友的故事。小刺猬亨瑞独自住在洞里，它非常孤独，很希望有朋友来陪伴，但是它身上扎人的刺却让别人不得不敬而远之，可爱而充满温情的故事在亨瑞过生日的时候发生了……

动画短片《亨瑞》荣获了 VR 电影第一个艾美奖。《亨瑞》的导演 Ramiro Lopez Dau 在获得艾美奖后说："当我们开始制作《亨瑞》这部带有情感的 VR 电影时，就像进入了一个未知的世界。我们并不知道效果会怎样，但我们对潜在的可能感到兴奋……《亨瑞》只是前方漫长路途的一小步，我们希望此时此刻可以启发故事叙事者将他们的灵感带进这个新媒介，并帮助书写 VR 电影的未来。"下面显示的是《亨瑞》的宣传海报和角色设计。

《亨瑞》的宣传海报和角色设计（a）

《亨瑞》的宣传海报和角色设计（b）

2.《亨瑞》内容介绍

在一个温馨的屋子里，小刺猬亨瑞正在准备着它的生日蛋糕。但是它独自过生日，实在是太孤独了，于是它许下了一个生日愿望——希望能够有朋友陪伴。

亨瑞许下生日愿望

神奇的事情发生了，一群彩色气球做的飞马出现了，这是亨瑞的新朋友。这群飞马跟亨瑞一起快乐地玩耍。亨瑞太高兴了，想和一只飞马亲近一点儿，靠近一些。但是，当它刚挨着飞马，气球做的飞马"砰"的一声破裂了。

彩色气球飞马突然出现

飞马们看到这种情形，吓得赶紧躲到墙角。当亨瑞追过去后，它们逃命一样躲到了屋顶。当亨瑞爬着梯子追上去的时候，不小心从梯子上摔了下来，狠狠地砸在桌面的生日蛋糕上。

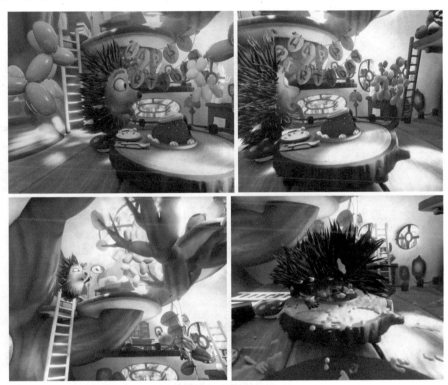

亨瑞追飞马，摔在蛋糕上

亨瑞终于清醒过来，它过去打开门，让飞马们飞了出去。

亨瑞打开门让飞马出去

　　然后，亨瑞只能独自坐到凳子上，一个人孤零零地吃着生日蛋糕的残渣。忽然，外面响起了敲门声，它好奇地走过去打开门。飞马们给它带来了一个新礼物，放在屋子里，然后很快又飞走了。

飞马给亨瑞送来新礼物

　　亨瑞好奇地去敲敲那个东西，忽然蹦出一只乌龟。亨瑞把蛋糕上的草莓递给乌龟，乌龟接过吃了下去。"哇！好好吃！"乌龟很高兴地一下扑到了刺猬身上。

乌龟突然出现（a）

乌龟突然出现（b）

由于乌龟有厚厚的壳，刺猬的刺伤不了它，于是亨瑞终于有了自己的好朋友。

亨瑞与乌龟成为好朋友

第二节 写实风格 VR 电影

1.《攻壳机动队 VR》作品概述

《攻壳机动队 VR》是日本讲谈社发行的近未来科幻作品。2016 年，为纪念作品诞生 25 周年，讲谈社推出了《攻壳机动队：新剧场版》的 VR 宣传片。该作品重点讲述了主角草薙素子的诞生过程，展现了人机大战的华丽场景。下图显示的是《攻壳机动队 VR》的宣传海报和唯美的主角形象。

《攻壳机动队 VR》唯美主角形象和宣传海报

2.《攻壳机动队 VR》内容介绍

戴上 VR 设备，在 VR 模式下播放《攻壳机动队 VR》，我们会看到自己置身于一个高科技的手术台。抬头看到一个圆环形的蓝色发光窗口，窗口开启后，从里面飘落下来一个类似人类大脑和脊椎的科技组件。

在 VR 视角下看到头顶蓝色发光窗口飘落下来的科技组件

下图显示的是 VR 视频展开后的画面效果。从前面章节体验战斗机飞行的经验中，我们可以发现这是一个仰视的画面，红色箭头所示的位置为蓝色发光窗口飘落下来的组件。同时，我们还能看到整个高科技的手术台周围布满了各种精密的仪器。

VR 视频展开后的画面效果

然后，越来越多的科技组件从周围聚集到大脑和脊椎附近，逐步聚合成为人的骨架和附在骨架上面的一层层肌肉。

科技组件逐步合成骨架和肌肉

接下来，一层外壳组件从外部飘落进来，逐步依附到肌肉组织的表面，组成了灰白色的表层结构。从小腿到大腿，从腰部到胸部再到头部，一个人物结构完美地呈现出来。

人物结构逐渐呈现

表层结构持续缝合，并发生材质变化，成为白嫩柔滑的皮肤，面部也浮现出精致唯美的脸庞，两只蓝黑的眼珠发出闪烁的亮光，蓝色的头发左右摇摆。一位亭亭玉立的美女站在我们面前。

一位亭亭玉立的美女

街道上，一位女战士正在与机甲进行对战训练。战斗过程的数据被收集到数据终端，不同的信息数据正在向女战士进行传递，以优化战斗效果。

女战士与机甲对战

女孩的大脑中有过往的信息闪现，如一个老旧的城区、一条破旧的街道。一场更具挑战的机甲战斗正在进行，丰富的信息传向大脑，信息又通过大脑向周围的神经结构进行传递。

信息闪现与信息传递

在一个唯美而浪漫的花园里，树上开满了粉色的花朵，花瓣随风飘落。远处，一位婀娜多姿的美女与一位高大魁梧的帅哥在花园中悠闲地漫步。

唯美而浪漫的花园

再次回到战场，巨大的机甲挥动着强大武器向女战士发起攻击。女战士轻盈地从机器人的手臂上飞跃而起，朝机器人的头部冲去，手上的武器装甲快速展开，一发炮弹从火光中飞射而出。

女战士与机甲对战

通过体验《攻壳机动队 VR》，我们从这个写实风格的 VR 作品中受到一些关于制作方面的启发：第一，VR 在表达写实风格的科技空间具有突出的优势；第二，VR 制作中的丰富细节可以通过虚拟现实空间非常逼真地呈现；第三，VR 具有的强烈沉浸感使人们体验时空穿越的过程具有极为震撼的效果。

第三节　实拍与特效结合的复杂叙事 VR 电影

一、《战争不分民族》

1.《战争不分民族》作品概述

《战争不分民族》是由 World of Tanks North America 制作，并于 2016 年 5 月发布的一部复杂叙事 VR 电影。这段视频重新点燃了三位第二次世界大战坦克老兵的记忆，第一次将 VR 实景拍摄与 CG 特效融合在一起，全视角表现第二次世界大战期间残酷的战争，体验者将经历一场在第二次世界大战中穿越苏联、美国和英国的历史事件。该作品获得加拿大圣何塞电影节 VR 单元最佳制作奖。下图是《战争不分民族》的宣传海报。

《战争不分民族》宣传海报

《战争不分民族》中坦克大战战场效果

2.《战争不分民族》内容介绍

当我们带上 VR 设备进入《战争不分民族》，看到自己置身于一个表现第二次世界大战的展厅中，我们面前站着一位穿着英国军装的老人。我们向左转身，面前站着一位穿着美国第二次世界大战军装的老人。我们继续向左转身，看到了一位穿着苏联第二次世界大战军装的老人。老人们身上有特效闪动，能看到他们年轻时候穿着军装的身影。

VR 视角下一个表现第二次世界大战的展厅中

我们面前依次出现的三位老人

　　接下来，我们来到了苏联的一个小镇。在这里，身边的女人和孩子们目送着自己的亲人登上奔赴战场的卡车。

目送亲人奔赴战场

　　在我们的前方，载着战士的卡车向远方疾驰而去。在我们的右侧，女人和孩子们呼唤着亲人的名字。在我们的左侧，苏联战士一往无前地走向战场。

苏联战士走向战场

　　同时，在英国的一个酒吧里，一群快乐的年轻人正在喝酒、跳舞、谈情说爱，过着无忧无虑的好日子。

年轻人在酒吧歌舞升平

电台里传出战争爆发的消息，快乐的人们安静下来，围过来倾听电台中的消息。正坠入爱河的热血青年放下酒杯，道别了身边的爱人，打开大门走出了酒吧。

年轻人纷纷奔赴战场

酒吧那位年轻人穿上了军装，踏上了开往战场的列车。窗外，他的爱人在动情地呼唤。一个接着一个，更多的年轻人走进了火车，坐满了座位。

战士在与爱人道别

在狭小的坦克内部空间，三名坦克兵正驾驶着一辆坦克与敌人展开殊死搏斗。其中，一位指挥官在观测战场和敌军坦克的情况，另一位在开动坦克，还有一位在装填弹药进行射击，他们配合得非常默契。

三名坦克兵配合默契

再看坦克大战的外景，几辆坦克正在进行搏斗。双方展开坦克对射，附近的坦克一辆辆被击毁。

坦克对射

在美军某基地，战士们正在紧急集合，他们即将奔赴前线，进入一场前所未有的战斗。

战士们紧急集合

一组坦克兵刚刚掩埋了战友，列队向他们道别，旁边是长长的步兵队伍正在开往前线。坦克兵戴上帽子急匆匆地爬上了坦克，开动坦克投入新的战斗。

与牺牲战友道别

在一辆美军的坦克内部，三名坦克兵相互配合缓缓地开动坦克，并一枚枚地发射炮弹。

坦克内部

我们置身于坦克，跟随坦克穿过一个桥洞，开向前方的坦克阵地。敌方的坦克正在向我方发动猛烈的攻击，我们发射的炮弹也击中了敌方的坦克，随即爆炸，冒起浓烟。

我方与敌方坦克互相猛烈攻击

"轰隆！"敌方的炮弹击中了我方坦克，密集的坦克炮弹在身边炸开，我们即将被敌方的坦克炮火覆盖。

敌方击中我方坦克

"轰隆！轰隆！"连续的爆炸在敌方坦克群中炸开，我方的飞机低空呼啸而过，密集的炸弹从天而降……

我方击中敌方坦克

通过体验《战争不分民族》，我们能够感受到三点：第一，通过 VR 技术体验电影级逼真战场，其震撼效果令人难以忘怀；第二，VR 在展现历史事件方面具有无可比拟的优势；第三，写实的战争现场环境、战斗效果和逼真的战场声音，这些都可能进一步强化 VR 的沉浸感。

二、《求助》

1.《求助》作品概述

《求助》是由 Google Spotlight Stories 研发制作的第一部实拍 VR 电影，并于 2016 年 4 月发布。该片由曾经执导过好莱坞电影《速度与激情》（*Fast & Furious*）和《星际迷航：超越星辰》（*Star Trek Beyond*）的林诣彬执导。《求助》讲述了在洛杉矶市中心，一场流星雨在唐人街上留下了轨迹和深坑。惶恐的路人看到一个外星人从坑里爬了出来，外星人看到了旁边的一个女孩。女孩逃进地铁口，外星人紧追不舍，外星人在追逐的过程中越长越大，直到成为一个高耸入云的巨型哥斯拉。一场人类大战外星人的火爆战争即将上演……

这部 VR 电影最大的特点在于，全部的剧情表现都在同一个镜头下展现出来，中间没有任何镜头的转换和组接。从空中航拍鸟瞰城市到地面追逐，从地铁隧道逃生到地面哥斯拉变成巨兽……整个过程都在一个完整的镜头中表现出来。下图是《求助》的宣传海报。

《求助》宣传海报

2.《求助》内容介绍

启动 VR 设备进入该作品，我们发现自己身处空中，俯瞰洛杉矶夜景。远处天空，一大片流星雨急速撞向地面。

俯瞰洛杉矶

我们缓缓下坠，看到车站建筑从旁边移过。流星雨越来越多，越飞越近。一颗流星陨石撞在不远处的高楼上，并朝着我们所在的位置撞击过来，最后在前方不远处停了下来。

流星陨石向下撞击

几位路人好奇地停下来，看着眼前发生的一切。一位年轻女孩走过去查看陨石在身边不远处砸开的一个大坑，她看到坑里钻出了一位外形怪异的外星人。

女孩看到外星人（a）

女孩看到外星人（b）

外星人扒开压在身上的石块，摇晃着身子，转眼间变大。女孩吓得转身逃跑，冲进地铁。

女孩被变大的外星人吓得逃跑

外星人看到女孩跑远，也快跑着追了过去，跑进地铁隧道。一位健硕的警察看到后迅速奔跑过来，跟进了地铁隧道。

警察追踪外星人

　　在隧道里，警察举枪射向外星人。在被击中的蓝色烟雾中，外星人又快速长大。

外星人又快速长大

　　外星人追向远处的女孩，警察连续开枪射击，被击中的外星人摇晃着倒地。警察拉着女孩拔腿就跑，然后飞快地跑进地铁。地铁关闭了车门，快速开动起来。

警察拉着女孩跑进地铁

　　在地铁车厢的尾部，一个庞大的怪物向地铁扑过来，头挤裂了车窗的玻璃，然后掉了下去。地铁依然快速地开动，怪物再次扑向地铁，巨大的爪子抓裂了车厢。怪物巨大的头和手伸进车厢。

怪物攻击地铁车厢

　　地铁停了下来，警察拉着女孩飞奔着逃出地铁，来到地面。空中有多架警用直升机在盘旋，明亮的光柱投射到地面。"砰！轰隆！"远处的地铁口发生巨大的爆炸，烟火腾空而起，一个庞然大物从烟火中爬了出来。那是一只巨大的哥斯拉，旁边的大桥被哥斯拉一挥手砸垮了。

哥斯拉砸垮大桥（a）

哥斯拉砸垮大桥（b）

　　空中的直升机向哥斯拉发动猛烈的攻击，密集的火箭炮射向哥斯拉，但巨大的哥斯拉毫发无损。这时女孩大胆地走了出去，走到哥斯拉附近。她拿出一个东西举到空中，那东西发出明亮的蓝光。哥斯拉看到发着蓝光的物体，身体忽然极速地抖动并快速变小，变得与最初的外星人一样大小。

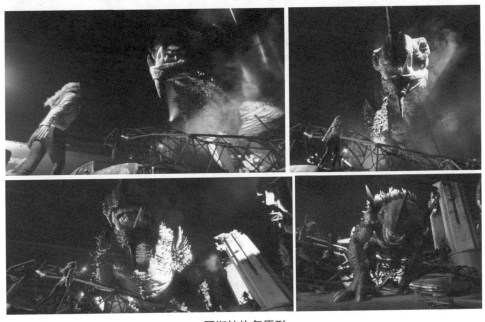

哥斯拉恢复原形

　　女孩半跪下，把发光的物体轻轻地抛给外星人，外星人接过来，触发机关。一串蓝色的光柱飞向天空，蓝色的烟雾环绕周围。外星人站起身来，缓缓地飘起来，然后飞向天空，最后化为一些蓝色的颗粒，直至消失。

外星人消失

通过体验《求助》，我们可以总结一些感受：第一，这是一部用一个长镜头表现出来的 VR 影片，由于没有镜头切换，体验者的体验过程基本没有被打断和干扰，因此体验感完整；第二，使用 VR 来表现实拍场景与电影特效场景的结合能够有效地把真实性与虚拟的幻想完美结合起来，让人在 VR 中更加沉浸地、逼真地感受到外星人和哥斯拉；第三，情理之中、意料之外的创意对于 VR 影片的表达有重要的意义。

参考文献

［1］Virtual Reality Society：History Of Virtual Reality. 2017，https://www.vrs.org.uk/virtual-reality/history.html.

［2］USA TODAY：Experience the Blue Angels in 360-degree video. 2015，https://www.youtube.com/watch?v=H6SsB3JYqQg.

［3］AirPano：Angel Falls，Venezuela，Aerial 8K video. 2017，https://www.youtube.com/watch?v=L_tqK4eqelA.

［4］National Geographic：Antarctica-Unexpected Snow. 2016，https://www.youtube.com/watch?v=XPhmpfiWEEw.

［5］Nat Geo WILD：360° Baby Pandas. 2017，https://www.youtube.com/watch?v=0XrH2WO1Mzs.

［6］Wargaming Europe：World of Warships-HMS Belfast 360° VR Experience. 2016，https://www.youtube.com/watch?v=5ReAadaCGd4.

［7］Google Arts & Culture：Rhomaleosaurus Sea Dragon-Back to life in 360° VR. 2016，https://www.youtube.com/watch?v=BH1AvqYXwHQ.

［8］Valve：The Lab. 2016，https://store.steampowered.com/app/450390/The_Lab/.

［9］Epic Games：Showdown Cinematic VR Demo. 2016，https://www.youtube.com/watch?v=qf6KWjBn2XY.

［10］Oculus：First Contact-Oculus Touch demo. 2016，https://www.youtube.com/watch?v=ypWpSsajmVY.

［11］Halfbrick Studios：Fruit Ninja VR. 2016，https://store.steampowered.com/app/486780/Fruit_Ninja_VR/.

［12］DROOL：Thumper. 2016，https://store.steampowered.com/app/356400/

Thumper/.

[13] Hyperbolic Magnetism：Beat Saber. 2018，https://store.steampowered. com/app/356400/Thumper/.

[14] Vertigo Games，Jaywalkers Interactive：Arizona Sunshine. 2016，https://store.steampowered.com/app/342180/Arizona_Sunshine/.

[15] Secret Sorcery：Tethered. 2017，https://store.steampowered.com/ bundle/2642/Tethered_Deluxe_Edition/.

[16] Bethesda Softworks：Fallout 4 VR. 2017，https://store.steampowered. com/app/611660/Fallout_4_VR/.

[17] Bethesda Softworks：The Elder Scrolls V-Skyrim VR. 2018，https:// store.steampowered.com/app/611670/The_Elder_Scrolls_V_Skyrim_VR/.

[18] Ninja Theory：Hellblade-Senua's Sacrifice VR Edition. 2018，https:// store.steampowered.com/app/747350/Hellblade_Senuas_Sacrifice_VR_Edition/.

[19] VR Chat：VR Chat. 2017，https://store.steampowered.com/app/438100/ VRChat/.

[20] Facebook：Spaces VR. 2017，https://www.facebook.com/spaces.

[21] Altspace VR：AltspaceVR. 2016，https://store.steampowered.com/ app/407060/AltspaceVRThe_Social_VR_App/.

[22] Against Gravity：Rec Room. 2016，https://store.steampowered.com/ app/471710/Rec_Room/.

[23] High Fidelity：High Fidelity. 2016，https://store.steampowered.com/ app/390540/High_Fidelity/.

[24] Linden Lab：Sansar VR. 2018，https://store.steampowered.com/ app/586110/Sansar/.

[25] Baobab Studios：Crow the Ledend. 2018，https://www.baobabstudios. com/.

[26] Oculus Story Studio：Henry. 2016，https://www.oculus.com/story-studio/press/?locale=zh_CN.

[27] Here Be Dragons：Ghost in the Shell VR. 2015，https://www.youtube.

com/watch?v=C1iAi2yvSZE.

［28］World of Tanks North America：Way Knows No Nation. 2016，https://www.youtube.com/watch?v=CIbo0xLbNic.

［29］Google Spotlight Stories：Help. 2016，https://www.youtube.com/watch?v=G-XZhKqQAHU.

［30］Google：Tilt Brush. 2016，https://store.steampowered.com/app/327140/Tilt_Brush/.

［31］Oculus Story Studio：Quill. 2016，https://www.oculus.com/experiences/rift/1118609381580656/?locale=zh_CN.

［32］Oculus Story Studio：Dear Angelica. 2017，https://www.oculus.com/experiences/rift/1174445049267874/.

［33］Maja Wronska：Burano in VR. 2017，https://www.youtube.com/watch?v=Ee6qCyjFOf0.

［34］Borrowed Light Studios：The Night Cafe: A VR Tribute to Vincent Van Gogh. 2016，https://store.steampowered.com/app/482390/The_Night_Cafe_A_VR_Tribute_to_Vincent_Van_Gogh/.

［35］Moyosa Media BV：The Kremer Collection VR Museum. 2018，https://store.steampowered.com/app/774231/The_Kremer_Collection_VR_Museum/.

［36］Music Everywhere：Music Everywhere. 2017，https://www.music-everywhere.co/.

［37］CMR Games：Concerto. 2017，http://concertogame.com/.

［38］Aesthetic Interactive：EXA-The Infinite Instrument. 2017，https://store.steampowered.com/app/606920/EXA_The_Infinite_Instrument/.

［39］Lyravr：Lyravr. 2017，https://store.steampowered.com/app/572630/LyraVR/.

［40］Dylan Fitterer：Audioshield. 2016，https://store.steampowered.com/app/412740/Audioshield/.

［41］Hyperbolic Magnetism：Beat Saber. 2018，https://store.steampowered.com/app/620980/Beat_Saber/.

［42］Studio Odin：Club Dance Party VR. 2018，https://store. steampowered. com/app/845400/Club_Dance_Party_VR/.

［43］Samhound，Nationale Opera & Ballet：Night fall-First Virtual Reality Ballet in the World（360°）. 2016，https://www.youtube.com/watch?v=xCp4at6LE0A.

［44］Innerspace VR：Firebird-La Peri. 2016，http://www.innerspacevr.com/.

［45］AiirSource：U.S. Army Dismounted Soldier Training System（DSTS）3D Virtual Reality. 2013，https://www.youtube.com/watch?v=npxUYa4FrDc.

［46］USCICT：The Future of Army Training-The Synthetic Training Environment. 2018，https://www.youtube.com/watch?v=wjHonqlEKcw.

［47］ODN：Virtual combat: US Soldiers train in simulated world. 2017，https://www.youtube.com/watch?v=L1t_B-FXgq0.

［48］Bohemia Interactive Simulations：Train Anywhere on the Virtual Earth_VBS Synthetic Training Environment. 2019，https://www.youtube.com/watch?v=cjCxDcBa-3w.

［49］Business Insider：This is the VR experience the British Army is using as a recruitment tool. 2017，https://www.youtube.com/watch?v=m7unBsBjzT8.

［50］Russia Today：Army of gamers-Russian troops test new VR combat simulators. 2017，https://www.youtube.com/watch?v=HAappcc_TI8.

［51］ARIRANG NEWS：Korean military to use VR, big data to improve capabilities. 2018，https://www.youtube.com/watch?v=Ux3MxzW0xc0.

［52］Acadicus：Acadicus VR Training Platforms. 2018，https://archvirtual. com/acadicus/.

［53］SimX：AR and VR Medical Simulation. 2018，https://www.simxar. com/.

［54］Realities.io：Realities. 2018，https://store.steampowered.com/app/452710/Realities/.

［55］AirPano：Angel Falls, Venezuela，Aerial 8K video. 2018，https://www.youtube.com/watch?v=L_tqK4eqelA.

［56］Valve：The Lab. 2016，https://store.steampowered.com/app/450390/

The_Lab/.

[57] Google：Google Earth VR. 2016，https://vr.google.com/earth/.

[58] Pixel Edge Games：Racket Fury-Table Tennis VR. 2017，http://www.pixeledgegames.com/portfolio-item/racket-fury/.

[59] Appnori Inc.：Badminton Kings VR. 2018，https://store.steampowered.com/app/802330/Badminton_Kings_VR/.

[60] Sanzaru Games：VR Sports Challenge. 2016，https://www.oculus.com/experiences/rift/1132870140059346/.

[61] Tablet Academy：VR in the Classroom. 2017，https://tablet-academy.com/current-projects/virtual-reality/.

[62] Lenovo：Virtual Reality Classroom. 2017，https://solutions.lenovo.com/vertical-solutions/k-12-education/vr-classroom/.

[63] Victory XR：Science Curriculum. 2017，https://www.victoryxr.com/.

[64] MEL Science：MEL Chemistry VR Lessons. 2017，https://melscience.com/vr/.

[65] ACE-Learning Systems：Math Virtual Reality. 2018，https://www.ace-learning.com/.

[66] VR Learning Studios：Fire Safety Training. 2018，https://www.vrlearning.studio/.

[67] PIXO VR：Immersive VR Training for First Responders. 2018，https://pixogroup.com/.

[68] CBS This Morning：Virtual reality training immerses employees in dangerous scenarios. 2018，https://www.youtube.com/watch?v=7skEXYK4ujI.

[69] IGN：KFC's New Virtual Reality Training Video. 2017，https://www.youtube.com/watch?v=jmRQBugNDGQ.

[70] Pixo VR：Self Guided VR Training. 2017，https://www.youtube.com/watch?v=hETZFKsu9mI.

[71] Interactive Lab：VR_ The Future of Training. 2017，https://www.youtube.com/watch?v=0NormS9SIow.

［72］Linde：Virtual Reality Training for Operators by Linde. 2018，https://www.youtube.com/watch?v=KYK6wuFaES8.

［73］C L.：Alibaba's Taobao VR shopping device announced. 2016，https://www.youtube.com/watch?v=4RDq0jtjaWc.

［74］inVRsion：Shelf Zone VR. 2016，https://www.youtube.com/watch?v=-2UT2KcnJiE.

［75］VentureBeat: Amazon Virtual Reality VR Mall Kiosks-The Future of Retail. 2018，https://www.youtube.com/watch?v=J5NviNVdOsc.

［76］孙立军，刘跃军.中国虚拟现实产业发展报告（2019）［R］.北京：社科文献出版社，2019.

［77］刘跃军.2018年基于全球语境的中国虚拟现实产业［R］//孙立军，刘跃军.数字娱乐产业蓝皮书：中国虚拟现实产业发展报告（2019）.北京：社会科学文献出版社，2019：1-49.

［78］VRVCA＆投中研究院：VR/AR全球投资回顾与2018年展望报告［EB/OL］.（2019-03-19）.https://www.useit.com.cn/thread-18351-1-1.html.

［79］中商产业研究院.2018中国虚拟现实行业市场现状及发展前景研究报告［EB/OL］.（2018-11-20）.http://www.askci.com/news/chanye/20181120/0933391136968.shtml.

图书在版编目（CIP）数据

虚拟现实设计概论 / 刘跃军编著. —北京：中国国际广播出版社，
2020.1
ISBN 978-7-5078-4465-8

Ⅰ. ① 虚… Ⅱ. ① 刘… Ⅲ. ① 虚拟现实－概论 Ⅳ. ① TP391.98

中国版本图书馆CIP数据核字（2019）第194762号

虚拟现实设计概论

编　　著	刘跃军
责任编辑	刘　晗
校　对	张　娜
版式设计	邢秀娟
封面设计	黄　旭

出版发行	中国国际广播出版社［010-83139469　010-83139489（传真）］
社　　址	北京市西城区天宁寺前街2号北院A座一层
	邮编：100055
印　　刷	环球东方（北京）印务有限公司

开　　本	710×1000　1/16
字　　数	260千字
印　　张	19
版　　次	2020 年 6 月 北京第一版
印　　次	2020 年 6 月 第一次印刷
定　　价	68.00 元